FORSCHUNGSBERICHTE
DES WIRTSCHAFTS- UND VERKEHRSMINISTERIUMS
NORDRHEIN-WESTFALEN

Herausgegeben von Staatssekretär Prof. Leo Brandt

Nr. 97

Ing. Herbert Stein, M.-Gladbach,
Laboratorium für textile Meßtechnik

Untersuchung der Verzugsvorgänge an den Streckwerken
verschiedener Spinnereimaschinen

2. Bericht: Ermittlung der Haft-Gleiteigenschaften von
Faserbändern und Vorgarnen

Als Manuskript gedruckt

WESTDEUTSCHER VERLAG / KÖLN UND OPLADEN

1955

ISBN 978-3-663-03288-5 ISBN 978-3-663-04477-2 (eBook)
DOI 10.1007/978-3-663-04477-2

Forschungsberichte des Wirtschafts- und Verkehrsministeriums Nordrhein-Westfalen

G l i e d e r u n g

A. Aufgabenstellung . . . . S. 5
   1. Vorwort . . . . S. 5
   2. Ermittlung der Haft-Gleiteigenschaften . . . . S. 6
   3. Vorgänge im Vor- und Hauptverzugsfeld . . . . S. 8
   4. Haft-Gleitwechsel (Ruckverzüge) . . . . S. 9
   5. Zusammenfassung . . . . S. 10

B. Beschreibung der verwendeten Prüfgeräte . . . . S. 10
   1. Einleitung . . . . S. 10
   2. Festigkeitsprüfer mit elektrischer Meßeinrichtung
      Type Steha stat . . . . S. 11
   3. Festigkeitsprüfer mit elektrischer Meßeinrichtung
      Type Statigraph . . . . S. 15
   4. Frenzel-Hahn-Garnprüfmaschine mit elektrischer Meß-
      einrichtung . . . . S. 22
   5. Dehnungs-Verzugs-Prüfmaschine Type Dynagraph . . . . . . S. 26
   6. Versuchsstreckwerk mit magnetelektrischen und kapa-
      zitiven Meßgeräten . . . . S. 28

C. Haft-Gleituntersuchungen am ruhenden und fortlaufend
   bewegten Prüfgut . . . . S. 30
   1. Statische Prüfungen an Faserbändern und Vorgarnen
      aus Baumwolle . . . . S. 30
   2. Statische Prüfungen an Faserbändern und Vorgarnen
      aus Chemiefasern . . . . S. 31
   3. Dynamische Prüfungen zur Ermittlung der Haft-
      Gleiteigenschaften . . . . S. 33
   4. Aufnahme von Haft-Gleitcharakteristiken mit in Stufen
      verändertem Getriebeverzug . . . . S. 34
   5. Haft-Gleitprüfungen an Flyerlunten aus Baumwolle . . . . S. 34
   6. Haft-Gleitprüfungen an Flyerlunten aus Zellwolle . . . . S. 36
   7. Untersuchungen am Streckwerk . . . . S. 38

D. Ermittlung der Haft-Gleiteigenschaften in Abhängigkeit von
   Verarbeitungsvorgängen, Fasereigenschaften und zusätzlichen
   Behandlungsmethoden . . . . S. 39
   1. Veränderung der Haft-Gleiteigenschaften durch die
      Verzugs-(Streck-) Vorgänge . . . . S. 40
   2. Vergrößerung der Haftkraft durch Drallgabe . . . . S. 43
   3. Einfluß der Stapellänge . . . . S. 44
   4. Auswirkung des Einzelfasertiters . . . . S. 45
   5. Abhängigkeit von der Oberflächenbeschaffenheit . . . . . S. 45
   6. Einfluß der Kräuselung . . . . S. 45
   7. Einfluß unterschiedlicher Avivage- bzw. Schmälz-
      mittel . . . . S. 46
   8. Veränderung der Haft-Gleiteigenschaften durch
      Anfärbung . . . . S. 47
   9. Auswirkung der Imprägnierungsmittel . . . . S. 48

E. Zusammenfassung . . . . S. 48

Forschungsberichte des Wirtschafts- und Verkehrsministeriums Nordrhein-Westfalen

A. Aufgabenstellung

1. Vorwort

Die verschiedenen Faserarten zeigen bereits bei der einfachen Untersuchung von Hand sowohl in der Flocke als auch im Band und im Vorgarn unterschiedliche Eigenschaften. Bei manchen Chemiefasern ist beim Zusammendrücken eines Faserbüschels ein "Knirschen" zu spüren und zu hören, während sich andere Fasern völlig weich und elastisch anfühlen. Wenn ferner Bänder, vor allem aber Vorgarne zwischen den Fingerspitzen verzogen werden, dann zeigt sich, daß die dafür aufzuwendende Kraft, auch bei gleicher Band- bzw. Vorgarnnummer, unterschiedlich große Werte annehmen kann. Vielfach ist ein ruckartiges Auseinandergleiten zu beobachten, ohne daß dabei eine völlige Auflockerung des Faserverbandes eintritt.

Die charakteristischen Haft-Gleiteigenschaften nehmen entscheidenden Einfluß auf die Vorgänge in den Verzugsfeldern der Streckwerke und müssen bei deren Einstellung entsprechend Berücksichtigung finden.

Sie werden von folgenden Faktoren bestimmt:

a) Der Lage der einzelnen Fasern im Faserverband, d.h. deren Wirr- bzw. Parallellage.

b) Der Faserpressung, die weitgehend durch Verdrallung oder Nitschelung bei dem Verarbeitungsprozeß beeinflußt wird.

c) Der Stapellänge und der dadurch bedingten unterschiedlich weiten Überlappung der einzelnen Fasern.

d) Dem Einzelfasertiter und damit der Gesamtfaserzahl im Querschnitt eines Faserbandes oder Vorgarnes bei gegebener Nummer.

e) Der Oberflächenbeschaffenheit der Einzelfasern, die von deren strukturellem Aufbau abhängt und durch Mattierungsmittel sowie Farbsubstanzen (z.B. bei düsengefärbten Fasern) stark verändert werden kann.

f) Der Art und Stärke der Kräuselung und derjenigen Verwindungsstruktur, die den Einzelfasern erteilt ist.

g) Den verwendeten Avivage- und Schmälzmitteln, die der Oberfläche der bestimmte Eigenschaften verleihen sollen und die je nach ihrer Zusammensetzung das Gleiten oder Haften weitgehend begünstigen.

h) Einer Anfärbung in Flocke oder Band, da die Oberfläche der Fasern erheblich durch die Aufnahme von Farbsubstanzen verändert wird.

i) Der Behandlung mit Imprägnierungsmitteln, die vorwiegend den Zweck haben, das Material wasserabstoßend zu machen.

Um eine hohe Festigkeit der hergestellten Gespinste und eine möglichst gute Ausnutzung der Fasersubstanz zu erreichen, muß der Fabrikationsvorgang so gestaltet sein, daß die Fasern weder beschädigt noch in ihren Eigenschaften verändert werden und im Fertigprodukt über die gesamte Länge gleichmäßig geschichtet auftreten.

Zur Erreichung dieses Zieles ist neben der Gleichmäßigkeit des Stapels vor allem die Oberflächenbeschaffenheit der einzelnen Fasern von Bedeutung, welche bei den natürlichen Fasern ein wesentlich anderes Verhalten als bei künstlichen Fasern zeigt. Die Eigenschaften der natürlichen Fasern (Baumwolle, Bastfaser, Wolle), nämlich Kräuselung, Verwindung, Oberflächenstruktur und Wachs- und Fettgehalt, welcher der Faser anhaftet, wirken sich bei der Verarbeitung bzw. beim Spinnen von vornherein günstig aus. Im Gegensatz hierzu ist bei Chemiefasern bzw. bei Fasern aus vollsynthetischem Material eine Nachbehandlung erforderlich, welche die Oberfläche für die Verzugsvorgänge geeignet macht. Durch besondere Verfahren werden die Fasern gekräuselt. Avivage- und Schmälzmittel haben die Aufgabe, das Haftvermögen entweder zu vergrößern oder aber zu vermindern.

In diesem Zusammenhang bleibt darauf hinzuweisen, daß sich die Drallgabe bei Chemiefasern meist viel stärker auswirkt als bei Baumwolle, da hier die Faserpressung einen besonders großen Einfluß auf das Haftvermögen der einzelnen Fasern ausüben kann. Bei der Wahl des Drehungswechsels am Flyer ist deshalb besondere Aufmerksamkeit geboten, um einmal das verzugsfreie Ablaufen des Vorgarns vom Spulengatter zu gewährleisten, außerdem aber die Verzugsvorgänge im nachfolgenden Streckwerk nicht durch eine zu hohe Faserhaftung ungünstig zu beeinflussen.

2. Ermittlung der Haft- Gleiteigenschaften

Zum Auflösen eines beiderseits festgehaltenen Faserbandes sind bestimmte Kräfte erforderlich, welche den zunächst eintretenden Zustand der "Anspannung" in den Zustand des "Verziehens" überführen. Dabei muß die maximal wirksame "Haftkraft" überwunden werden, deren Größe von verschiedenen Voraussetzungen abhängig ist.

Forschungsberichte des Wirtschafts- und Verkehrsministeriums Nordrhein-Westfalen

Das Anspannen ist mit dem "Dehnen" bei der Reißprüfung eines Garnes vergleichbar, während der Verzug dem Bruch des Garnes bei der Untersuchung auf dem Festigkeitsprüfer entspricht. Die prozentuale Längenänderung, die das Prüfgut vor Einsetzen des Verzuges erfährt, wird deshalb im Folgenden mit "Haftdehnung" bezeichnet.

Für die Untersuchung der Haft-Gleiteigenschaften können normale Festigkeitsprüfer nur im beschränkten Umfang Verwendung finden. Einmal ist es nicht ohne weiteres möglich, die verhältnismäßig großen Massen der Neigungswaage vom Prüfling aus zu bewegen. Ferner stört die Rastvorrichtung für den Gewichtshebel, die diesen in der jeweils erreichten höchsten Lage festhält und dadurch die Untersuchung von Vorgängen unmöglich macht, welche sich beim Überschreiten der Haftkraft bzw. Haftdehnung ausbilden.

Das einwandfreie Erfassen der sich abspielenden Vorgänge setzt die Verwendung von Prüfgeräten voraus, bei denen die Meßklemme während der Untersuchung keine oder nur vernachlässigbar kleine Bewegungen ausführt.

Ein Wechsel zwischen Anspannung und Verzug ist auch zu beobachten, wenn nicht statisch, sondern dynamisch geprüft wird. Die hierfür bestimmte Prüfvorrichtung muß in gleicher Weise wie ein Streckwerk aus einem Lieferwalzenpaar und einem rascher laufenden Abzugswalzenpaar bestehen.

Auf das eingelegte Faserband bzw. Vorgarn wirken zunächst keinerlei Kräfte ein, die einen Verzug hervorrufen könnten. Sobald sich jedoch die Walzenpaare mit unterschiedlichen Geschwindigkeiten in Bewegung setzen, treten in dem zwischen Zuführung und Abzug befindlichen Teil des Prüfgutes zunehmende Spannungen auf, bis sich diejenige Kraft einstellt, welche ein Auseinandergleiten der Fasern zu bewirken vermag. In den meisten Fällen setzt dieser Verzug nicht gleichzeitig an allen zwischen den Walzenpaaren befindlichen Teilen des Faserverbandes ein. Vielmehr bildet sich ein ausgesprochener "Schnitt" aus, d.h. der gesamte Verzug stürzt sich auf eine einzige Stelle und zieht diese entsprechend stark auseinander, wobei die Anzahl der hier miteinander im Zusammenhang bleibenden Fasern und damit auch die Länge der Überlappung fortlaufend abnimmt. Infolge dieses Verzuges geht die wirksame Kraft mehr oder weniger stark zurück und reicht daher nach Durchlauf der schnittigen Stelle durch das Abzugswalzenpaar nicht mehr aus, um erneut die Haftkraft zu überwinden. Es dauert vielmehr abermals eine gewisse Zeit, bis die Kraft genügend weit angestiegen ist, um erneut ein Verziehen einleiten zu können, so daß im periodischen Wechsel immer neue Schnitte zur Ausbildung gelangen.

Derartige Prüfungen vermitteln besonders gute Einblicke, da die betrachteten Vorgänge weitgehend von den charakteristischen Eigenschaften des geprüften Materials abhängig sind. Zudem besteht der Vorteil, daß sie leicht und ohne besondere Anforderungen an die Bedienung über größere Längen durchgeführt werden können.

3. Vorgänge im Vor- und Hauptverzugsfeld

Bei den Klemmstreckwerken, die in der Baumwoll- und Zellwollspinnerei verwandt werden, ist zwischen zwei voneinander abweichenden Verzugsvorgängen zu unterscheiden. In den Vorverzugsstufen soll eine "Auflösung" des Faserbandes bzw. des Vorgarns erfolgen, während die eigentliche Verfeinerung erst in dem Hauptverzugsfeld vorgenommen wird, welches mit wesentlich höheren Getriebeverzügen arbeitet.

Im Vorverzugsfeld wird ein 1,1 bis 1,4-facher Getriebeverzug angewandt, so daß der Bandquerschnitt an der Abzugswalze nur unwesentlich geringer ist als an der Einzugswalze. Da die Faserreibung an einer großen Zahl von miteinander in Verbindung stehenden Einzelfasern überwunden werden muß, können hierbei erhebliche Verzugskräfte auftreten. Entsprechend den Überlegungen in Ziffer 2 werden dadurch unter bestimmten Voraussetzungen ausgesprochene Schnittbildungen hervorgerufen, die sich besonders gefährlich auswirken, wenn die Streckfeldweite gegenüber dem Stapel zu groß eingestellt ist.

Im Vorverzugsfeld sind auch Oberwalzen mit Sattelbelastung und hohen Klemmdrücken vielfach nicht in der Lage, das Fasermaterial sicher auf den Unterzylinder zu klemmen. Unter bestimmten Voraussetzungen folgen die Druckrollen dem durchschlüpfenden Faserband und führen hierbei Eigenbewegungen aus, so daß sie nicht mehr mit einer dem angetriebenen Unterzylinder entsprechenden Geschwindigkeit umlaufen. Durchschlupferscheinungen haben zur Folge, daß der zwischen Einzug- und Mittelzylinder eingestellte Getriebeverzug nicht oder nicht voll ausgeübt wird. Durchschlupf am Einzugzylinder ergibt eine Verminderung des Gesamtverzuges, Durchschlupf am Mittelzylinder eine Beeinflussung der Vorgänge im Hauptverzugsfeld.

Im Hauptverzugsfeld sind bei einwandfreier Beschaffenheit der Druckrollen Durchschlupferscheinungen am Lieferzylinder ausgeschlossen. Die normalerweise im Streckfeld auftretenden Verzugskräfte reichen auch keinesfalls aus, um das Faserband durch den Mittelzylinder durchzuziehen, ganz abgesehen davon, daß dies bereits durch die im Vorverzugsfeld herrschenden Verzugs- oder Anspannkräfte unmöglich gemacht wird. Bei richtiger Faserführung wird sich das Lieferwalzenpaar immer eine bestimmte gleichbleibende Faserzahl aus dem vom Mittelzylinder vorgelegten Faserbart herausziehen. Um zu verhindern, daß sich die schwimmenden, d.h. von keinem Walzenpaar gehaltenen Fasern stoßartig in Bewegung setzen und zur Bildung dicker Stellen Anlaß geben, wird im Hauptverzugsfeld mit Führungszylindern und darauf liegenden leichten Belastungswälzchen, meist jedoch mit Lederriemchenführung gearbeitet.

Beim Herausziehen einzelner Fasern aus einem Faserbart muß ebenfalls zunächst die Haftreibung überwunden werden. Nach Einleitung des Verzugsvorganges tritt ein Rückgang der Kräfte ein, wobei der Unterschied zwischen der Haft- und Gleitreibung weitgehend von der Oberflächenbeschaffenheit der einzelnen Fasern, der vorliegenden Faserpressung (Kalandereffekt, Nitschlung, Drallgabe) und den verwendeten Avivage- oder Schmälzmitteln abhängig sein wird.

4. Haft-Gleitwechsel (Ruckverzüge)

In den Faserbändern und Vorgarnen bestimmter Chemiefasern treten beim Anspannen und Verziehen vielfach Haft-Gleitwechsel (Ruckverzüge) auf, die in ähnlicher Weise wie die in Ziffer 3 behandelten Anspann- und Verzugsvorgänge verlaufen. Hierbei werden jedoch immer nur einzelne Fasergruppen erfaßt, die zunächst besonders stark an der Lastübernahme beteiligt sind und dadurch zum Gleiten kommen. Nach Abklingen dieses Vorganges setzt eine Neuorientierung ein, bei welcher sich das Faserband wieder verfestigt. Anschließend kommt es zu erneuten Anspannvorgängen, bis wiederum an einer anderen Stelle ein "Abriß" einzelner Faserverbände erfolgt und hierbei ein stärkerer Kraftwechsel bzw. Kraftrückgang in dem unter Spannung stehenden Prüfgut eintritt.

Die Verschiebung einzelner Fasergruppen bzw. die hierbei zurückgelegten Wege sind außerordentlich gering und können daher nicht mit Hilfe der bisher bekannten Festigkeitsprüfer verfolgt werden. Da die Erfassung dieser Vorgänge jedoch eine grundlegende Bedeutung für die Beurteilung der Vorgänge im Streckwerk sowie für die Eignungsprüfung verschiedener Avivagemittel besitzt, waren Untersuchungsmethoden zu entwickeln und entsprechende

Prüfeinrichtungen aufzubauen, mit denen die sich abspielenden Vorgänge genau zu beobachten und zu verfolgen sind. Darüber hinaus waren Zahlwerte für die Beurteilung unterschiedlicher Eigenschaften zu finden, welche sich bei der Bewertung der verschiedenen Faserarten und der verwandten Avivagemittel zweckentsprechend verwenden lassen.

5. Zusammenfassung

Der Ermittlung der Haft-Gleiteigenschaften von Faserbändern und Vorgarnen kommt eine besondere Bedeutung zu, da sich die einzelnen Faserarten hinsichtlich ihrer Oberflächenbeschaffenheit stark voneinander unterscheiden und durch angewandte Avivage- oder Schmälzmittel die zum Auflockern und Verziehen erforderlichen Kräfte weitgehend zu beeinflussen sind.

Mit den einzusetzenden Prüfmaschinen und Prüfgeräten soll es möglich sein, den Verlauf der Haft-Gleitcharakteristiken in Diagrammform aufzuzeichnen und die Höhe der auftretenden Anspann- und Verzugskräfte sowie den Wert für die Haftdehnung zu ermitteln. Darüber hinaus ist auch Größe und Verlauf von Haft-Gleitwechsel (Ruckverzügen) zu erfassen, welche bei verschiedenen Chemiefasern zu beobachten sind, und die Wirkung von unterschiedlichen Haft- oder Gleitavivagen einer Beurteilung zugänglich zu machen.

B. Beschreibung der verwendeten Prüfgeräte

1. Einleitung

In der Betriebspraxis wird die Kraft, welche ein Faserband oder ein Vorgarn aus dem Zustand der Anspannung in den Zustand des Verzuges überführt, verschiedentlich durch das folgende einfache Meßverfahren ermittelt.

Das Prüfgut wird zwischen zwei Klemmen eingespannt, deren obere feststehend angeordnet ist, während die untere zusätzlich eine Gewichtschale erhält, in die nach und nach einzelne Kugeln eingeträufelt werden. Sobald das Gesamtgewicht von Klemme, Schale und Kugeln groß genug geworden ist, um den Zusammenhalt des Faserbandes zu überwinden, gleitet das Prüfgut auseinander. Durch Nachwiegen der unteren Klemme und ihres Anhanges kann dann die zugehörige Haftkraft bestimmt und daraus die "Haftlänge" errechnet werden.

Unter Haftlänge ist dabei in bekannter Weise diejenige Meterzahl zu verstehen, welche das Prüfgut haben müßte, um durch sein eigenes Gewicht abzureißen. Diese Haftlänge ist von der Materialnummer des Prüfgutes unabhängig, da bei Vermehrung der Faseranzahl im Band- bzw. Vorgarnquerschnitt die zugehörige Haftkraft in gleicher Weise anwächst.

Für derartige Feststellungen werden verschiedentlich auch normale Festigkeitsprüfer benutzt, die zu diesem Zweck mit besonderen, verhältnismäßig breit ausgeführten Klemmen auszurüsten sind. Der Antriebsmechanismus für die untere Klemme muß dabei so ausgeführt sein, daß eine hinreichend kleine Abzugsgeschwindigkeit erreicht wird. In gleicher Weise, wie dies bei der üblichen Reißprüfung eines Gespinstes oder eines Zwirnes geschieht, hebt das eingespannte Faserband oder Vorgarn mit Hilfe der oberen Meßklemme die Neigungswaage an, bis eine genügend große Gegenkraft erreicht ist, welche die Haftkraft überschreitet und dadurch den Verzug einleitet.

Der Vorgang kann gegebenenfalls durch einen angeschlossenen Schaulinienzeiger in Kurvenform aufgetragen werden. Das Ende des Prüfvorganges ist erreicht, sobald das Gewichtshebelsystem oder auch nur das Zeigerwerk nach Einsetzen des Verzuges durch Einfallen einer Klinkvorrichtung in seiner obersten Stellung festgehalten wird.

2. Festigkeitsprüfer mit elektrischer Meßeinrichtung Type Steha stat

Für genauere Untersuchungen an Bändern und Vorgarnen müssen die sich abspielenden Vorgänge auch dann noch zu beobachten sein, wenn der Haftpunkt überschritten wird und der Verzug einsetzt. Da dies mit den normalen Festigkeitsprüfern nicht möglich ist, wurde ein neues Prüfgerät mit elektrischer Meßeinrichtung entwickelt, dessen konstruktiven Merkmale in dem DRP 760 055 niedergelegt sind.

Bei den normalen Festigkeitsprüfern folgt die Meßklemme unter der Wirkung der während der Prüfung ausgeübten Zugkräfte der Bewegung der Abzugsklemme, und zwar abzüglich der Längenänderung (Dehnung), welche das Prüfgut erfährt. Im Gegensatz hierzu kann bei dem "Steha stat" die Stellung der Meßklemme während der Prüfung als praktisch unverändert angenommen werden. Infolgedessen ist hier die Dehnung bzw. der Verzug des Prüfgutes proportional zu dem Weg, der von der Abzugsklemme zurückgelegt wird, und damit auch proportional zu der Zeit, die seit Beginn des Vorganges verstrichen ist.

Ferner können mit dem Steha stat ohne weiteres Vorgänge verfolgt werden, bei denen die Kraft nach Erreichen eines bestimmten Maximalwertes wieder abfällt. Diese Erscheinung tritt auf, wenn in dem eingespannten Prüfgut der Zustand der Anspannung nach Überschreiten der Haftkraft in den Zustand des Verzuges übergeht.

Die für den Steha stat verwendete magnetelektrische Meßeinrichtung besteht im wesentlichen aus dem Meßkopf, dem Netz- und Verstärkergerät und dem elektrischen Tintenschreiber.

Der Meßkopf enthält einen einseitig eingespannten federnden Meßstab, an dessen äußerem Ende die von dem Prüfgut ausgeübte Belastungskraft angreift. Die Biegungssteifigkeit ist gegenüber der zu erwartenden Belastung sehr groß zu wählen, damit die Formveränderung des Meßstabes geringfügig bleibt und die Bewegung der Meßklemme nur wenige hundertstel Millimeter beträgt.

Das magnetelektrische Meßsystem hat die Aufgabe, diese sehr geringen Meßstabbewegungen zu erfassen und zu registrieren, wozu zwei in Brückenschaltung miteinander verbundene Magnetspulen Verwendung finden. Der prinzipielle Aufbau der Anordnung ist aus Abbildung 1 ersichtlich.

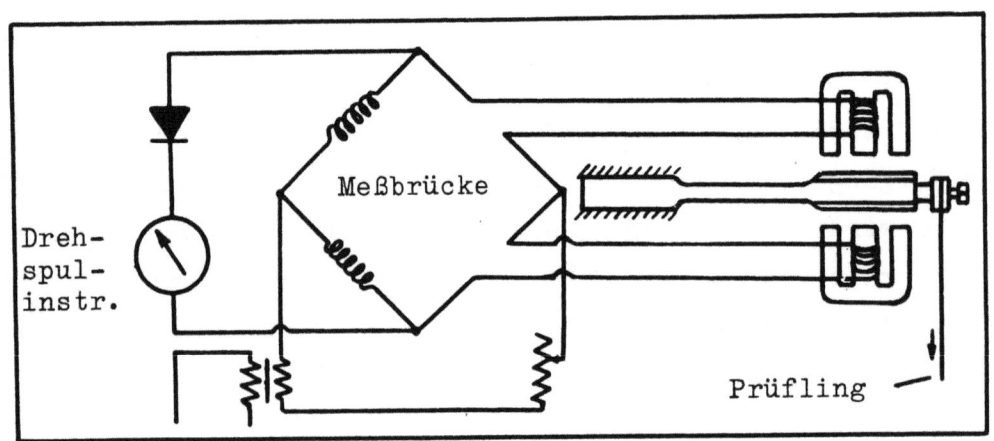

A b b i l d u n g 1

In Ruhestand, d.h. bei unbelasteter Klemme, wird zunächst Brückengleichgewicht hergestellt. Die Speisung der Meßbrücke erfolgt normalerweise mit Wechselstrom 50 Hz, welcher dem Lichtnetz über einen Transformator entnommen wird. Für Sonderfälle kann auch ein besonderer Frequenzwandler oder Frequenzgenerator vorgesehen werden, um für die Meßbrücke eine höhere Frequenz verwenden zu können.

Eine auftretende Belastungskraft ergibt eine nach unten gerichtete Durchbiegung des Meßstabes. Hierdurch wird die Induktivität des oberen Spulensystems vergrößert, die des unteren dagegen verkleinert. Diese Verstimmung der Meßbrücke hat die Ausbildung einer Spannung bzw. eines Ausgleichsstromes an den beiden freien Brückenpunkten zur Folge. Damit ist es möglich, eine entsprechende Anzeige vorzunehmen bzw. ein angeschlossenes Meßinstrument anzusteuern.

Abbildung 2 zeigt einen der für solche Zwecke entwickelten Meßköpfe. Da

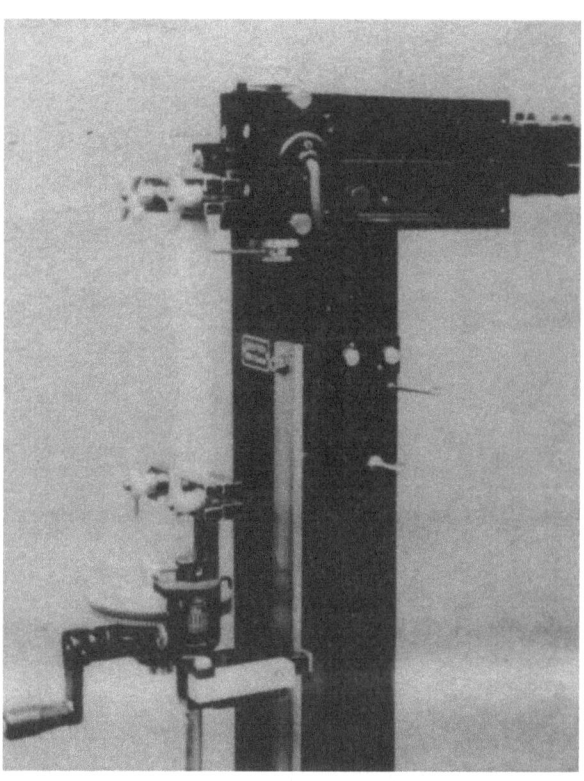

Abbildung 2

die Abdeckung fortgenommen wurde, ist der durch die Magnetsysteme überwachte Meßstab zu sehen. Die Magnetspulen selbst sind in dem Aluminiumgehäuse des Meßkopfes eingebaut und können in ihrer Lage durch Einstellschrauben verändert werden.

Das Arbeiten mit einem elektrischen Tintenschreiber zwecks Aufzeichnung von Diagrammen setzt die zusätzliche Zwischenschaltung eines besonderen Röhrenverstärkers voraus. Bei dessen Aufbau ist darauf zu achten, daß die

Verstärkung geradlinig erfolgt, damit beim Eichen, welches durch Anhängen von Belastungsgewichten an die Meßklemme erfolgt, der Tintenschreiber Belastungsmaßstäbe mit gleichmäßiger Unterteilung aufzeichnet.

An und für sich ist es möglich, eine solche elektrische Meßeinrichtung bzw. den Meßkopf in einen bereits vorhandenen Festigkeitsprüfer normaler Bauart einzubauen. Der Meßkopf ist zu diesem Zweck nach Entfernen der störenden Teile des Gewichtshebelsystems am Ständer zu befestigen und mit der Meßklemme zu versehen. Aus Abbildung 3 ist das Netz- und Verstärkergerät und der normalerweise für solche Festigkeitsprüfer vorgesehene elektrische Tintenschreiber in tragbarer Ausführung ersichtlich.

Abbildung 3

Bei Festigkeitsprüfern, die mit Neigungswaage ausgerüstet werden, ist der Abwärtsbewegung der Meßklemme während des Prüfvorganges Rechnung zu tragen. Die Antriebsvorrichtung wird deshalb so ausgelegt sein, daß sie für die Abzugsklemme verhältnismäßig hohe Geschwindigkeit ergibt. Insbesondere bei Untersuchungen, die der Ermittlung von Haft- Gleitwechsel (Ruckverzügen) dienen, ist beim Arbeiten mit einem elektrischen Meßkopf zu fordern, daß die Abzugsklemme sehr langsam nach unten bewegt wird. Es mußte deshalb ein grundsätzlich neuer Festigkeitsprüfer aufgebaut werden, bei dem von vornherein alle zu stellende Anforderungen sinngemäß berücksichtigt wurden.

Abbildung 4 zeigt einen solchen neuen Festigkeitsprüfer der Type Steha stat. Für den Antrieb findet ein Einphasen-Induktionsmotor Verwendung, der in bekannter Weise ein in Stufen schaltbares Getriebe über eine Diskusscheibe antreibt, um in weiten Bereichen eine stufenlose Einstellung der Abzugsgeschwindigkeit zu ermöglichen.

Der Tintenschreiber ist mittels eines dafür geeigneten Konsols am Ständer befestigt. Es ist vorgesehen, den Antrieb für den Vorschub des Diagrammpapiers entweder durch ein in den Tintenschreiber eingebautes Uhrwerk vorzunehmen oder aber durch eine Vorrichtung zu bewerkstelligen, die mit dem Getriebe für die Abzugsklemme gekoppelt ist. Da infolge der im Raum feststehenden Meßklemme Zeit, Weg der Abzugsklemme und ausgeübte Dehnung bzw. ausgeübter Verzug in einem festen Verhältnis stehen, ergibt sich auch dann ein gleichmäßiger Dehnungsmaßstab für die Auswertung der aufgezeichneten Diagramme, wenn die Bewegung des Diagrammpapiers durch ein Uhrwerk vorgenommen wird. Andererseits ermöglicht die Kupplung des Papiervorschubs mit dem Triebwerk für die Abzugsklemme, einen bestimmten gewünschten Maßstab für die Aufzeichnung der Dehnung einzustellen, der in groben Stufen verändert werden kann.

3. Festigkeitsprüfer mit elektrischer Meßeinrichtung Type Statigraph

Bei einem neu entwickelten Festigkeitsprüfer mit elektrischer Meßeinrichtung wird eine völlig neuartige Vorrichtung für die Bewegung der Abzugsklemme angewandt. Diese ist mit einem Stahlband gekuppelt, das während der Prüfung durch einen Kurbeltrieb fortbewegt wird.

Die Drehbewegung der Kurbel erfolgt einmal durch einen Hauptmotor, der polumschaltbar ausgebildet ist, so daß sich mit ihm zwei verschiedene Grundgeschwindigkeiten erreichen lassen. Zur Erzielung einer besonders tiefliegenden Geschwindigkeit kann der Antrieb auch durch einen Hilfsmotor vorgenommen werden, der über eine Überholungskupplung mit dem zweiten Wellenstumpf des Hauptmotors in Verbindung steht. Beide Motoren sind als Drehstrom-Motoren ausgebildet.

Das Ende des Stahlbandes ist an der Kurbel befestigt (Abb. 5) und schlingt sich infolge deren Drehbewegung um eine auswechselbare Rolle. Der Umtausch dieser Rolle ermöglicht eine weitere Änderung der Geschwindigkeit, wobei

Forschungsberichte des Wirtschafts- und Verkehrsministeriums Nordrhein Westfalen

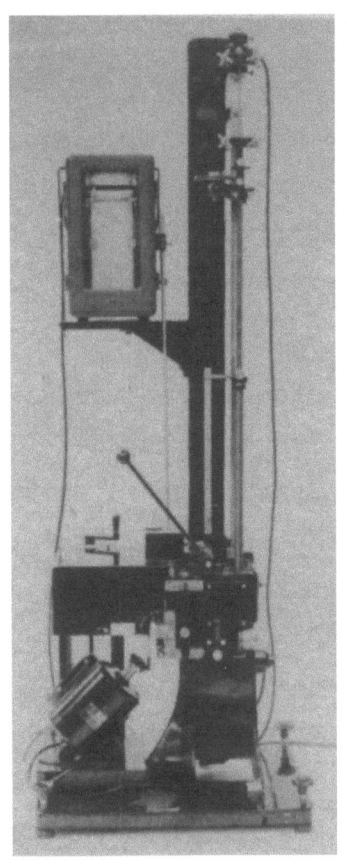   

Abbildung 4   Abbildung 5

eine genügend große Anzahl solcher Rollen eine hinreichend feinstufige Aufteilung gewährleistet. Infolge des gewählten Aufbaus läuft das Gerät völlig erschütterungsfrei, da die Bewegung der Abzugsklemme und ihre Umkehr gleichmäßig und ohne jeden Stoß erfolgt.

Das Gerät ist außer zur Ermittlung der Haft-Gleiteigenschaften auch für normale Festigkeitsprüfungen, Ermüdungsprüfungen, sowie zur Ermittlung der Dehnungseigenschaften von Fäden, Gespinsten und Zwirnen geeignet. Abbildung 6 zeigt das vollständige Gerät mit dem elektrischen Tintenschreiber, Abbildung 7 die Meßklemme mit dem magnet-elektrischen Meßkopf.

Da das Meßsystem des elektrischen Tintenschreibers eine gewisse Trägheit besitzt, gibt dieses Gerät die Vorgänge nur dann richtig wieder, wenn die Anzeigegeschwindigkeit keinen allzu großen Wert erreicht. Für die Untersuchung der Anspann- und Gleitvorgänge ist die Darstellung der Ergebnisse durch den Tintenschreiber als hinreichend zuverlässig anzusehen, besonders wenn mit verhältnismäßig geringer Abzugsgeschwindigkeit gearbeitet wird. Dagegen wird bei der Untersuchung starker Haft-Gleitwechsel schnell eine

Grenze erreicht, bei welcher der Tintenschreiber den von der Meßeinrichtung gegebenen Impulsen nicht mehr in der richtigen Größenordnung zu folgen vermag.

A b b i l d u n g 6

Zur Klärung der Frage, wieweit die Ruckverzüge von der Geschwindigkeit abhängen, mit welcher die Anspannung bzw. der Verzug erfolgt, mußte daher der Festigkeitsprüfer mit einer anderen Meßeinrichtung versehen werden, welche unter den gegebenen Voraussetzungen die Meßwerte unverfälscht zur Aufzeichnung bringt.

Für diese Untersuchungen wurde ein kapazitiver Meßkopf eingesetzt. Er arbeitet in gleicher Weise wie der magnetelektrische Meßkopf mit einem einseitig eingespannten federnden Meßstab, an dessen freiem Ende die Meßklemme befestigt ist. Die Anordnung, welche für die nachstehend geschilderten Versuche verwandt wurde, ist in Abbildung 8 wiedergegeben. Der Meßkopf steht mit einer Hochfrequenz-Meßbrücke in Verbindung, welche mit einer

Forschungsberichte des Wirtschafts- und Verkehrsministeriums Nordrhein Westfalen

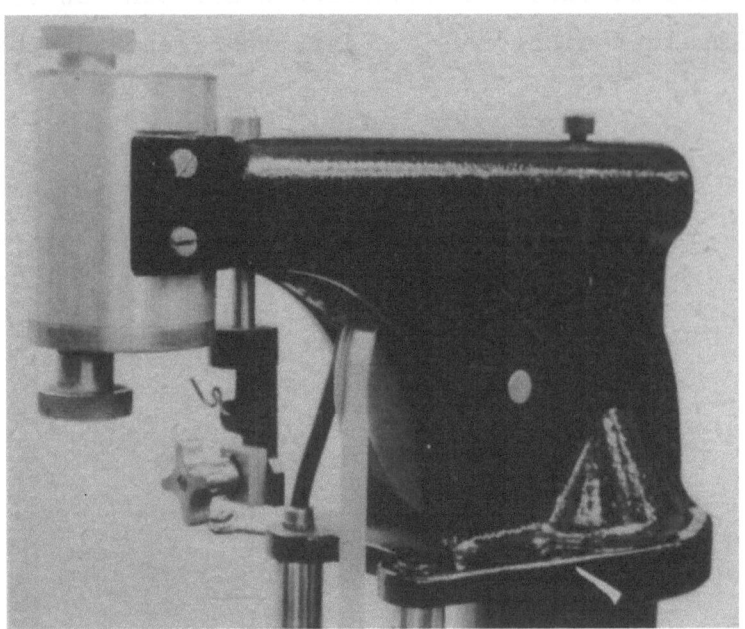

Abbildung 7

Abbildung 8

Trägerfrequenz von 1oo kHz arbeitet. Dadurch läßt sich die Trägerfrequenz aus den wesentlich geringeren Schwingungsfrequenzen heraussieben, welche dem Ablauf der aufeinander folgenden Haft-Gleitwechsel entsprechen, so daß die Durchbiegung des Meßstabes bei Anschluß eines Kathodenstrahl-

Forschungsberichte des Wirtschafts- und Verkehrsministeriums Nordrhein Westfalen

Oszillographen ohne jede Störung durch die Ablenkung des Strahles wiedergegeben wird.

Als Hochfrequenzmeßbrücke wurde der "Textronograph" verwandt (Abb. 9), der normaler Weise für die Durchführung von Gleichförmigkeitsprüfungen an Wickelwatten, Faserbänder, Vorgarnen und Fäden bestimmt ist. Der Ausgangskreis dieses Gerätes ist zweifach aufgeteilt. An ein erstes Klemmenpaar kann ein Tintenschreiber von 7 mA angeschlossen werden, der infolge seiner Trägheit rasch verlaufende Schwingungen mittelt und entsprechend zur Anzeige bringt. An einem zweiten Klemmenpaar läßt sich die Meßspannung für das Braun'sche Rohr eines Kathodenstrahl-Oszollographen abnehmen, durch welchen die Meßspannung trägheitslos wiedergegeben wird.

Zur Durchführung der Versuche standen verschiedene Typen von Kathodenstrahl-Oszillographen zur Verfügung. Abbildung 1o zeigt einen Zweistrahl-Oszillographen, bei welchem der erste Strahl die Meßspannung anzeigt und der zweite Strahl eine Zeitmarkierung ermöglicht.

Um die vom Oszillographen angezeigten Werte mit den vom Tintenschreiber aufgezeichneten Diagramme vergleichen zu können, muß die Oszillographenanzeige in geeigneter Weise photographiert werden. Hierzu wurde die Universal-Registrier-Kamera "Recordine" benutzt. Bei dieser wird ein Film oder auch ein Bromsilberpapierstreifen mit verhältnismäßig hoher, in der Größe einstellbarer Geschwindigkeit von einem Synchronmotor vorwärts bewegt, der sehr rasch zum Anlauf und nach Beendigung der Messung auch plötzlich wieder zum Stillstand kommt. Die verwendete Kamera ist ebenfalls in Abbildung 1o wiedergegeben. Abbildung 11 zeigt den inneren Aufbau; sie läßt die Filmführung, die Vorrats- und die Aufnahmetrommel, sowie die Optik erkennen, die zur Abbildung des von dem Kathodenstrahl-Oszillographen erzeugten Lichtpunktes auf das Filmband erforderlich ist.

Wenn die Eigenfrequenz des Meßstabs genügend hoch liegt, können mit der kapazitiven Meßeinrichtung und dem Kathodenstrahl-Oszillographen noch Vorgänge erfaßt werden, die sich mehrere hundert Mal in der Sekunde wiederholen.

Es ergab sich, daß für die vorliegenden Untersuchungen eine derartig hohe Registriergeschwindigkeit im allgemeinen nicht erforderlich ist. Bei der Nachprüfung, wieweit das Auftreten von Haft-Gleitwechseln von der jeweils angewandten Verzugsgeschwindigkeit abhängt, wurde deshalb zur

Forschungsberichte des Wirtschafts- und Verkehrsministeriums Nordrhein Westfalen

Abbildung 9

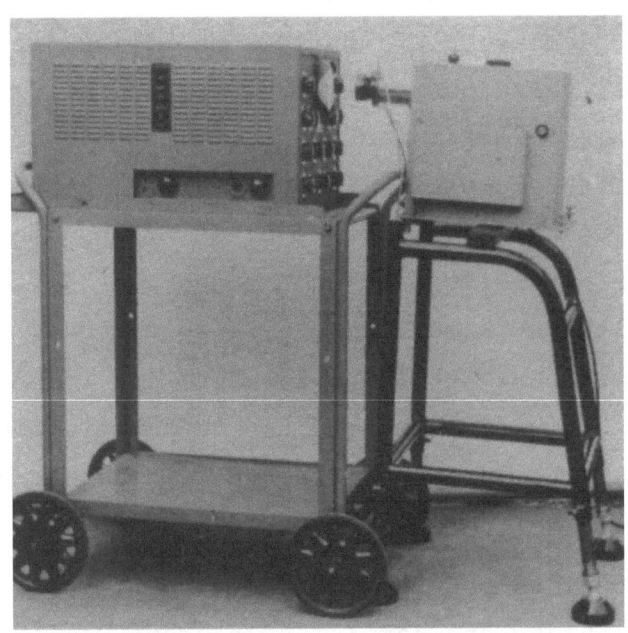

Abbildung 10

Vereinfachung verschiedentlich auch ein Lichtpunktschreiber (Abb. 12) eingesetzt. Dieses Gerät ist ähnlich wie ein Schleifen-Oszillograph aufgebaut. Der von einer starken Lichtquelle (Quecksilberdampflampe) ausgehende Lichtstrahl wird von einem ersten Spiegel, der fest angeordnet

Abbildung 11

und entsprechend einjustiert ist, auf einen zweiten Spiegel geworfen. Dieser steht mit einem kleinen Drehspulsystem in Verbindung, das vom Meßstrom durchflossen wird und den Spiegel je nach der Größe dieses Stromes mehr oder weniger stark aus seiner Ruhelage hinausdreht. Dadurch wird der Lichtstrahl bei seiner zweiten Reflektion entsprechend abgelenkt und zeichnet seine Spur auf einem photoempfindlichen Papier je nach den Bewegungen des Meßspiegels in der zugehörigen unterschiedlichen Höhe auf.

Das photoempfindliche Papier wird in bekannter Weise durch einen kleinen Synchronmotor mit einer einstellbaren Geschwindigkeit vorwärts bewegt, so daß der Lichtstrahl die dem Meßvorgang entsprechenden Kurven erzeugt. Im Gegensatz zu dem Aufnahmevorgang bei dem Kathodenstrahl-Oszillographen und der Recordine werden die Diagramme bei dem Lichtpunktschreiber sofort bzw. nach einer kurzen Wartezeit sichtbar und können daher unmittelbar nach dem Versuch ausgewertet werden.

Das Meßsystem des Lichtpunktschreibers ist ebenfalls mit einer gewissen Trägheit behaftet. Die für die Untersuchung verwendete Meßschleife hat

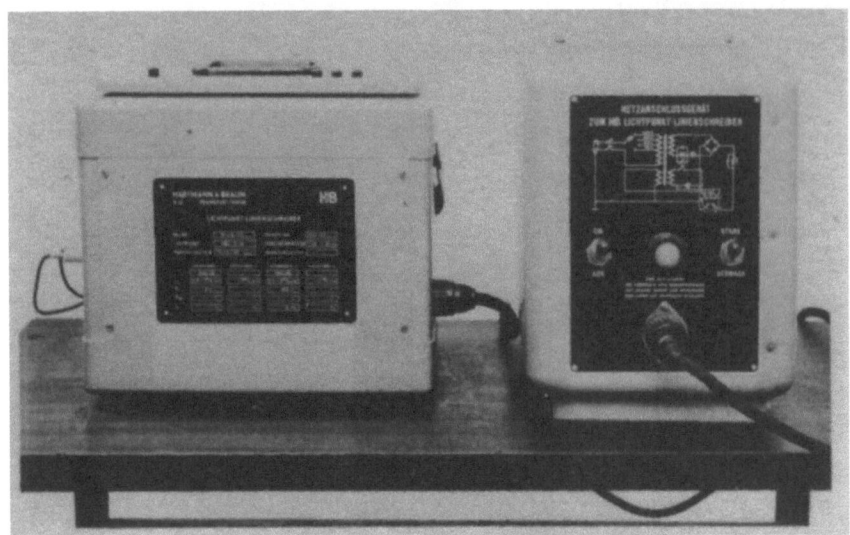

Abbildung 12

jedoch eine Eigenfrequenz von 60 Hz und ist damit weit trägheitsloser als der Tintenschreiber.

Bei Verwendung des kapazitiven Meßkopfes und des Textronographen stehen also drei verschiedene Registriermöglichkeiten zur Verfügung: Aufzeichnung mit dem Tintenschreiber, Aufzeichnung mit dem Lichtpunktschreiber und Aufzeichnung mit dem Kathodenstrahl-Oszillographen und der Recordine. Der Tintenschreiber besitzt die größte Trägheit, bei dem Lichtpunktschreiber ist die Trägheit bereits wesentlich geringer, während der Oszillograph praktisch trägheitslos arbeitet. Soll das Auftreten von Haft-Gleitwechsel bei größeren Abzugsgeschwindigkeiten studiert werden, dann ist also gegebenenfalls von diesen Meßmethoden Gebrauch zu machen.

4. Frenzel-Hahn-Garnprüfmaschine mit elektrischer Meßeinrichtung

Für die Bestimmung der Haft-Gleiteigenschaften von Faserbändern und Vorgarnen können auch Dehnungsprüfmaschinen eingesetzt werden, die eine dynamische Untersuchung der sich abspielenden Vorgänge ermöglichen.

Das Prüfgut wird hierbei zwischen zwei Walzenpaaren geklemmt und geführt, wobei das zweite Walzenpaar um einen bestimmten in der Größe einstellbaren Betrag schneller als das erste Walzenpaar läuft. Diese Anordnung entspricht somit in Aufbau und Wirkungsweise einem einfachen Streckwerk mit Einzug- und Lieferzylinder. Während aber bei dem Streckwerk eine Einstellung der Streckfeldweite auf die Stapellänge vorzunehmen ist, wird bei den Dehnungsprüfmaschinen eine konstante Prüfstreckenlänge benutzt, die aus konstruktiven und anderen Gründen mit 200 mm gewählt wurde. Auch ist es möglich, eine Prüfstreckenlänge von 500 mm einzustellen.

Das Einlegen des Prüfgutes erfolgt ohne Vorspannung. Nach Anlaufen der Maschine fördert die Abzugwalze mehr Material, als von der Zulaufwalze in die Prüfstrecke eingeführt wird, so daß die ausgeübte Dehnung zunächst mit wachsender Zeit fortlaufend zunimmt. Der Vorgang spielt sich jedoch rasch auf einen stationären Endzustand ein, bei welchem das in der Prüfstrecke befindliche Material entsprechend dem eingestellten Geschwindigkeitsunterschied zwischen Zulauf- und Abzugwalze gedehnt wird, wobei nunmehr die Dehnung praktisch konstant bleibt. Die mathematische Untersuchung ergibt (REINFELD: Getriebeverzug und effektiver Verzug, Textil-Praxis 1949, 11, 547), daß die Dehnung in Abhängigkeit von der Zeit bzw. der durchlaufenen Fadenlänge einem nicht ganz einfachen exponentiellen Gesetz gehorcht. In Abbildung 13 ist die Abhängigkeit der Dehnung von der Länge des durchgelaufenen Fadenstücks graphisch dargestellt.

Wenn der Geschwindigkeitsunterschied zwischen Abzug- und Zulaufwalze klein gewählt wird, ergibt sich im Endzustand kein Verzug, sondern nur ein dauernder Zustand der Anspannung. Ein Verzug tritt vielmehr erst dann ein, wenn der Geschwindigkeitsunterschied so groß eingestellt ist, daß die auftretende Spannung die Haftkraft des Faserverbandes zu überwinden vermag.

Die in dem Prüfgut wirksame Anspann- oder Verzugskraft läßt sich in bekannter Weise mit einer magnetelektrischen Meßeinrichtung bestimmen. Das Material wird zu diesem Zweck über eine Meßrolle geführt, die mittels eines Gehänges an dem Meßstab angebracht ist. Abbildung 14 zeigt, wie bei der Franzel-Hahn-Garnprüfmaschine Type II die Zulauf- und Abzugwalze mit ihren Anpreßrollen, sowie die Meßrolle und der Meßkopf angeordnet sind. Die auftretenden Kräfte werden in üblicher Weise durch einen Tintenschreiber zur Aufzeichnung gebracht.

Im Gebiet der Anspannung ist die gemessene Kraft im allgemeinen von Schwankungen in der Nummer des Prüfgutes abhängig, da ein dickes Stück, das sich innerhalb der Verzugsstrecke befindet, eine entsprechend höhere Kraft erfordert, um es auf die gleiche Länge wie ein dünneres Stück auszudehnen. Dieser Zusammenhang läßt sich leicht durch ein zusätzliches Dickenmeßgerät aufzeigen, dessen Meßglied zweckmäßig vor der Einzugswalze in die Materialeinführung eingeordnet wird (Abb. 15). Wenn von diesem Gerät ein

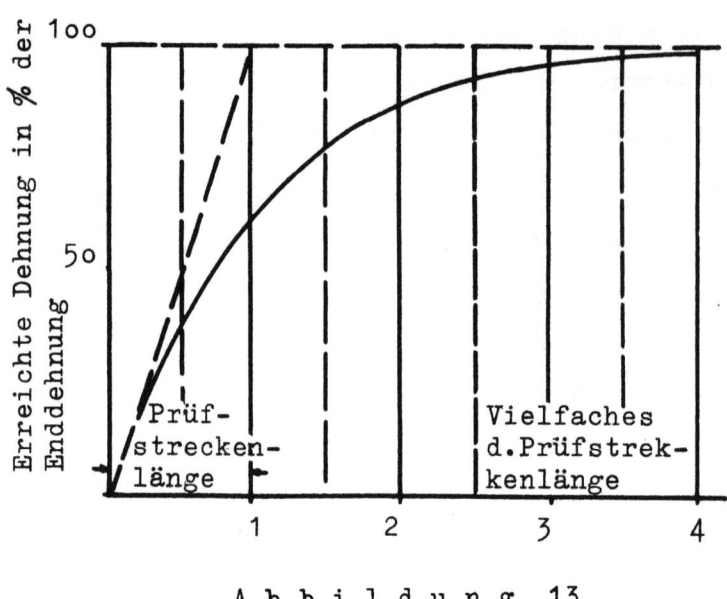

Abbildung 13

zweiter Tintenschreiber angesteuert wird, kann auf den beiden Diagrammen unmittelbar die jeweilige Dicke mit der zugehörigen gemessenen Kraft verglichen werden.

Bei genügend groß eingestelltem Geschwindigkeitsunterschied zwischen Abzug- und Zulaufwalze tritt zeitweise oder dauernd ein Verzug des Prüfgutes ein, wobei eine Auflockerung oder sogar eine Auflösung des Faserverbandes erfolgt. Auch bei diesem Vorgang wird die Meßvorrichtung über die Meßrolle betätigt, so daß ein Maß für die Größe der jeweiligen Verzugskraft gewonnen werden kann.

Der Antrieb der Frenzel-Hahn-Garnprüfmaschine erfolgt normaler Weise durch einen regelbaren Universalmotor, welcher das Einstellen von Abzugsgeschwindigkeiten zwischen 10 und 50 m/min ermöglicht. Diese Geschwindigkeit ist aber für die Durchführung von genauen Verzugsuntersuchungen wesentlich zu hoch. Auch ist eine konstant bleibende Durchlaufgeschwindigkeit zu fordern, die bei starker Abwärtsregulierung des Universalmotors nicht zu erreichen ist, weil hierbei dessen Hauptstromcharakter verstärkt in Erscheinung tritt. Infolgedessen wird die Frenzel-Hahn-Garnprüfmaschine für derartige Untersuchungen zweckmäßig durch einen besonderen Hilfsmotor angetrieben, der entsprechend Abbildung 16 eine Scheibe zum Umlauf bringt, welche auf die zweite Welle des Hauptmotors aufgesetzt ist. Damit können Geschwindigkeiten von 2 bis 10 m/min erreicht werden.

Forschungsberichte des Wirtschafts- und Verkehrsministeriums Nordrhein Westfalen

Abbildung 14

Abbildung 15

Forschungsberichte des Wirtschafts- und Verkehrsministeriums Nordrhein-Westfalen

Um schließlich das Auftreten von Haft-Gleitwechsel (Ruckverzügen) in dem untersuchten Material mit Hilfe einer magnetelektrischen Meßeinrichtung und eines angeschlossenen Tintenschreibers nachweisen zu können, muß die Prüfgeschwindigkeit noch stärker herabgesetzt werden. Diesem Zweck dient der in Abbildung 17 dargestellte Getriebemotor, der wiederum, aber diesmal über einen Kettenbetrieb, den zweiten Wellenstumpf des Hauptmotors antreibt. Hierbei wird normaler Weise eine Drehzahl gewählt, welche der Abzugwalze eine Geschwindigkeit von nur 25 mm/min vermittelt; die Zulaufwalze läuft gemäß der jeweils eingestellten Dehnung entsprechend langsamer.

5. Dehnungs- Verzugs-Prüfmaschine Type Dynagraph

Bei der Frenzel-Hahn-Garnprüfmaschine können mittels eines Schaltgetriebes unterschiedliche Umfangsgeschwindigkeiten für die Einzug- und Abzugwalze eingestellt werden. Die möglichen Stufensprünge betragen in den Bereichen von 0 bis 5 %, von 5 bis 20 % und von 20 bis 40 % der Reihe nach 1/4 %, 1 % und 2 %. Neu wurde eine vereinfachte Dehnungsprüfmaschine Type Dynagraph entwickelt, bei welcher bewußt auf eine derart feinstufige Aufteilung der einzustellenden Dehnungswerte verzichtet ist. Der Geschwindigkeitsunterschied zwischen Abzug- und Zulaufwalze wird durch Austausch der Abzugswalzen erreicht, die einen verschieden großen Durchmesser besitzen. Zur einfachen Durchführung des Auswechselns ist die Abzugwalze mittels einer konischen Büchse auf der Welle befestigt, wobei eine Abdrück- und eine Befestigungsmutter ein leichtes und rasches Abnehmen und Wiederaufsetzen der einzelnen Walzen ermöglicht.

Die Dehnungsprüfmaschine Type Dynagraph (Abb. 18) wird von einem Käfigläufer-Motor angetrieben. An diesen sind links und rechts Schneckengetriebe angeflanscht, auf deren Wellen die Einzug- und Abzugwalzen befestigt sind.

Um eine möglichst raumsparende, übersichtliche und leicht zu bedienende Anordnung zu erhalten, sind die Gewichtshebelsysteme, die bei der Frenzel-Hahn-Garnprüfmaschine Type II die Druckrollen auf der Einzug- und Abzugwalze festpressen, durch eine Federanordnung ersetzt. Die Anpreßkraft kann dabei mittels einer Rändelmutter eingestellt und weitgehend verändert werden. Durch Umlegen eines Hebels lassen sich die im Ruhezustand abgehobenen Druckroller anlegen, womit die Maschine einsatzbereit gemacht ist.

 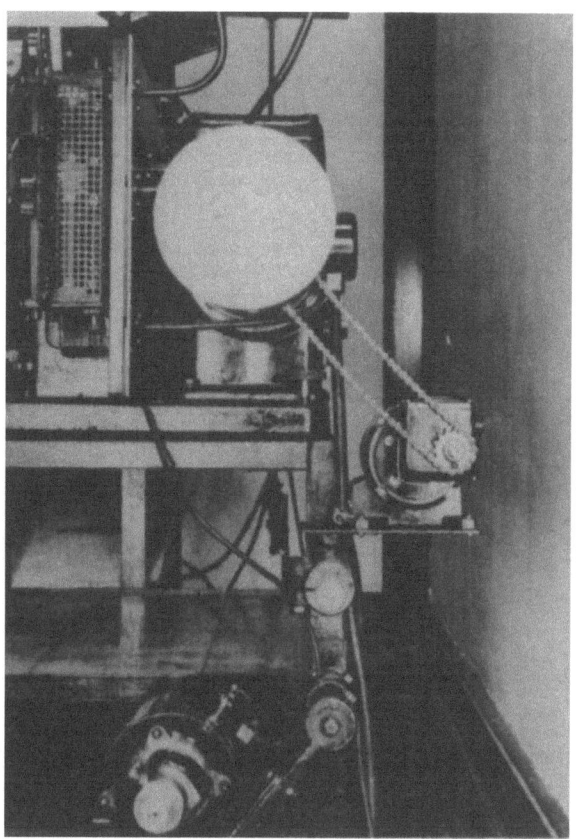

Abbildung 16   Abbildung 17

Das Vorlaufgerät, das auf der linken Seite der Abbildung 18 sichtbar ist, sorgt bei der Untersuchung von Fäden, Gespinsten und Zwirnen für eine konstante in der Größe einstellbare Spannung des zulaufenden Prüfgutes. Bei Haft-Gleitprüfungen an Faserbändern und Vorgarnen wird diese Vorrichtung nicht benötigt.

Die elektrische Meßanordnung ist auf einer besonderen Säule befestigt. Das gezeigte Modell benutzte einen Meßkopf, bei welchem die beiden Spulensysteme gleichzeitig aufeinander zu oder voneinander fort bewegt werden können. Eine zusätzliche Verstellvorrichtung dient zu Nullpunktkorrektur.

Der verwendete Käfigläufer-Motor vermittelt dem Prüfgut eine Einlaufgeschwindigkeit von etwa 5 m/min. Um bei der gleichen Maschine die sehr kleinen Prüfgeschwindigkeiten erreichen zu können, welche zur Untersuchung von Haft-Gleitwechsel erforderlich sind, kann zusätzlich mit einem Hilfsmotor gearbeitet werden, welcher auf der rechten Seite der Abbildung 18 zu erkennen ist. Die abtreibende Welle dieses Getriebemotors steht

Abbildung 18

über eine kleine Überholungskupplung mit der Welle in Verbindung. Die bei Betrieb mit dem Hilfsmotor zu erzielende Materialgeschwindigkeit liegt bei 20 mm/min.

6. Versuchsstreckwerk mit magnetelektrischen und kapazitiven Meßgeräten

Unter Umständen wird es zweckmäßig sein, die in einem Faserband auftretenden Anspann- oder Verzugskräfte direkt in einem Streckwerk zu messen, da hier die Streckfeldweite erheblich geringer als bei den besprochenen Garnprüfmaschinen ist und an die Stapellänge des zu überprüfenden Materials angepaßt werden kann.

Sowohl bei der magnetelektrischen wie auch bei der kapazitiven Meßanordnung läßt sich ohne Schwierigkeiten erreichen, daß das Prüfgut nur geringfügig aus der geraden Linie abzulenken ist, welche die Verbindung der beiden Klemmpunkte bildet. Die durchgeführten Versuche zeigen, daß das Meßergebnis nicht wesentlich durch die Führung des Faserbandes über das Tastorgan beeinflußt wird. Im übrigen bleibt darauf hinzuweisen, daß insbesondere in den Vorverzugsfeldern von Ringspinnmaschinen vielfach besondere "Luntenführer" Verwendung finden. Diese haben einmal die Aufgabe, ein Abspreizen von Einzelfasern zu verhindern. Durch Anwenden einer Changierbewegung wird außerdem vermieden, daß das Material immer an der gleichen Stelle in das nachfolgende Verzugsfeld einläuft und Druckrollen und

Abbildung 19

Lederriemchen rasch verschleißen. Auch hierbei erfolgt durch die Ablenkung des Faserbandes, wie bei dem Fühlorgan des Meßkopfes, bis zu einem gewissen Grade eine Verdichtung und damit eine Erhöhung der Faserpressung. Für die Ausbildung der Anspann- und Verzugsvorgänge ergeben sich also etwa gleiche Voraussetzungen.

Die erforderliche Einstellung verschiedener Geschwindigkeitsunterschiede zwischen Abzug- und Einzugwalze ist bei dem in Abbildung 19 gezeigten Versuchsstreckwerk durch ein Zieh-Keil-Getriebe möglich. Auf der gleichen Abbildung ist auch der magnetelektrische Meßkopf mit seinem Tastfinger ersichtlich, über welchen das zu prüfende Faserband geführt wird.

Eine unmittelbare Überwachung des Verzugsvorganges läßt sich durchführen, wenn der Querschnitt des Faserbandes gleichzeitig vor dem Eingang und hinter dem Ausgang des Streckenwerkes durch zwei Gleichförmigkeitsprüfer ermittelt wird. Derartige Untersuchungen wurden mit Hochfrequenz-Gleichförmigkeitsprüfern Type "Textronograph" vorgenommen, bei denen das Faserband frei durch die zugehörigen Meßkondensatoren (vgl. Abb. 19) geführt werden kann. Die Möglichkeit der Querschnittbestimmung mit solchen Geräten wurde bereits ausführlich in dem ersten, zu dem vorliegenden Forschungsvorhaben ausgegebenen Bericht Nr. 17 behandelt, so daß wegen der Einzelheiten auf die dort gemachten Ausführungen verwiesen werden kann.

Forschungsberichte des Wirtschafts- und Verkehrsministeriums Nordrhein-Westfalen

C. Haft-Gleituntersuchungen am ruhenden und am fortlaufend bewegten Prüfgut

Zum besseren Verständnis der im Abschnitt D beschriebenen und ins einzelne gehenden Prüfungen soll zunächst aufgezeigt werden, wie mit den dafür bestimmten Prüfgeräten Haft-Gleituntersuchungen möglich sind. Außer grundsätzlichen Feststellungen und Beobachtungen gilt es, wesentliche Unterschiede zwischen Faserbändern sowie Vorgarnen zu behandeln, die einerseits aus Chemiefasern, andererseits aus Baumwolle hergestellt wurden.

1. Statische Prüfungen an Faserbändern und Vorgarnen aus Baumwolle

Wenn die Enden eines Prüfgutes in der Klemme am Meßkopf und in der Abzugsklemme fest eingespannt sind und nunmehr die Abzugsklemme langsam durch die Antriebsvorrichtung des Festigkeitsprüfers nach unten bewegt wird, erfolgt zunächst ein Anspannen (Straffen) des Faserbandes bzw. Vorgarnes. Aus Kurvenblatt 1 ist deutlich ersichtlich, daß die elektrische Meßeinrichtung dabei einen Kraftanstieg registriert. Da die Kurven von rechts nach links zu lesen sind, wird der Anspannvorgang durch denjenigen Kraftanstieg im rechten Teil der Kurve veranschaulicht, der sich von Null bis zu dem Höchstwert erstreckt.

Sobald die auf das Fasergut wirkende Kraft das Haftvermögen der einander berührenden Fasern übersteigt, geht der Zustand der Anspannung in den Zustand des Verzuges über. Infolge der weiteren Abwärtsbewegung der Abzugsklemme beginnen die einzelnen Fasern gegeneinander zu gleiten, so daß eine Auflockerung bzw. Auflösung des Faserverbandes erfolgt. Hierbei fallen die auf die elektrische Meßeinrichtung wirksamen Kräfte von dem erreichten Scheitelwert fortlaufend wieder ab und nehmen schließlich den Wert Null an, wenn die Auflösung so weit fortgeschritten ist, daß die letzten Fasern ihre gegenseitige Verbindung verloren haben.

Der Scheitelwert der Kurve gibt ein Maß für die erreichte Haftkraft. Um bessere Vergleichsmöglichkeiten zu haben, wird zweckmäßig die auf das Prüfgut übertragene Kraft durch die Haftlänge ausgedrückt, die sich in bekannter Weise (entsprechend wie die Reiß-Kilometerzahl für Gespinste) nach der Formel:

$$\text{Haftlänge in Meter} = \text{Haftkraft in Gramm} \cdot \text{Nummer metr.}$$

berechnet.

Beim Vergleich der Haft-Gleitprüfung von Faserbändern mit der Festigkeitsprüfung an Fäden oder Gespinsten entspricht der Vorgang der Anspannung der eigentlichen Reißprüfung. Beim Erreichen der maximalen Haftkraft geht jedoch das Faserband bzw. Vorgarn in den Zustand des Verzuges über, während der Faden beim Erreichen des Höchstwertes zum Bruch kommt, wenn von den Schleich- bzw. Schleiferscheinungen abgesehen wird, die insbesondere bei weich gedrehten Gespinsten zu beobachten sind.

Bei diesem Vergleich ist dem Begriff der "Bruchdehnung" als entsprechender Begriff die "Haftdehnung" zuzuordnen. Unter "Haftdehnung" soll diejenige Längenänderung des unter Anspannung stehenden Faserbandes oder Vorgarnes verstanden werden, die sich von Beginn der Prüfung bis zum Erreichen des betrachteten Scheitelwertes einstellt. Die Größe dieser Haftdehnung ist weitgehend von den Eigenschaften der Einzelfasern, sowie von der Schichtung des Faserbandes abhängig (vgl. dazu Abschnitt D).

Der Abfall der Haft-Gleitlinie nach Erreichen des Scheitelwertes ist charakteristisch für das jeweilige Prüfgut und gibt wertvolle Hinweise über das mutmaßliche Verhalten, welches dieses Fasermaterial bei den Verzugsvorgängen in den Streckwerken der verschiedenen Spinnereimaschinen aufweisen wird. Verläuft z.B. die Kurve in weit ausgeschwungenem Bogen, so kann angenommen werden, daß eine geringe Neigung zur "Schnittbildung" vorliegt und die Einstellung der Streckfeldweite bei den Streckwerken nicht besonders kritisch ist.

Selbstverständlich wird sich die betrachtete Charakteristik mit den fortschreitenden Arbeitsprozessen laufend verändern. Zur näheren Erläuterung zeigt Kurvenblatt 2 ergänzend zu Kurvenblatt 1 mehrfach übereinander aufgetragene Haft-Gleitlinien von Kardenband und Flyerlunten aus Baumwollmaterial. Aus der Art, wie sich diese Veränderungen vollziehen, lassen sich weiterhin aufschlußreiche Erkenntnisse gewinnen (vgl. hierzu Abschnitt D 1).

2. Statische Prüfungen an Faserbändern und Vorgarnen aus Chemiefasern

Die Haft-Gleitlinien von Faserbändern und Vorgarnen aus Chemiefasern zeigen vielfach ein anderes Bild als die für Baumwolle. Dieser Unterschied ist auf die Überlagerung von Haft-Gleitwechseln (Ruckverzügen) zurückzuführen, die mitunter erhebliche Größenwerte erreichen können und bereits in Abschnitt A 4 kurz besprochen wurden.

Schon während des Anspannvorganges für einen solchen Prüfling verläuft die Belastungskraft nicht stetig, indem sie gleichmäßig ansteigend dem Höchstwert zustrebt. Vielmehr stellen sich Zusammenbrüche der Kraft ein, die zweifellos darauf zurückzuführen sind, daß einzelne zunächst stärker an der Lastübernahme beteiligte Faserverbände "abreißen", d.h. gegeneinander zum Verzug kommen, sich dann aber wieder neu orientieren und deshalb bei fortschreitender Abwärtsbewegung der Abzugsklemme in der Lage sind, durch erneutes Aneinanderhaften abermals Kräfte zu übertragen.

Schematisch dargestellt spielt sich der Anspann- und der Verzugsvorgang in der aus Kurvenblatt 3 ersichtlichen Weise ab. Bereits in dem mit A bezeichneten Punkt ist eine Haftgrenze erreicht, nach welcher ein Verzugsvorgang einsetzt. Die im Prüfling wirksame Kraft fällt dabei plötzlich ab und zwar auf einen Wert, welcher dem Reibwert entspricht, der bei der augenblicklichen Faseranordnung für den Zustand der Bewegung, d.h. des Verzuges, gültig ist. Die einzelnen Fasern finden dabei Gelegenheit, sich neu zu ordnen, wobei der Anstieg der eingezeichneten Begrenzungslinien erkennen läßt, daß bei dem nunmehr erneut einsetzenden Anspannvorgang infolge der besseren Parallellage der Einzelfaser und der erhöhten Faserpressung eine größere Haftkraft erreicht wird.

Das gleiche Verhalten gilt auch für den Zustand der Bewegung, was daraus ersichtlich wird, daß nach einem erneuten Zusammenbruch der Haftkraft der Kurvenzug auf einen weniger tief liegenden Punkt als vorher zurückfällt.

Die obere in Kurvenblatt 3 eingezeichnete Begrenzungslinie kennzeichnet also die einzelnen Höchstkräfte für die Faserhaftung, die sich nacheinander während des Anspann- und Verzugsvorganges ausbilden; entsprechend stellt die untere Begrenzungslinie die Tiefstwerte für die zwischendurch auftretenden Gleitzustände dar.

Die Größe dieses Schwankungsspieles ist weitgehend von der Anzahl der Fasern, die miteinander in Eingriff stehen, und damit von der Nummer des Prüfgutes abhängig. Die wesentliche Voraussetzung für das Zustandekommen der Schwankungen ist jedoch der Unterschied zwischen der jeweiligen Reibung der Ruhe und der zugehörigen Reibung der Bewegung.

Für dieses Verhalten gibt Kurvenblatt 4 einen anschaulichen Beleg. An dem Meßstab der elektrischen Meßeinrichtung zum Festigkeitsprüfer wurde eine Rolle von 30 mm Durchmesser unverdrehbar befestigt und deren Umfang dicht

Forschungsberichte des Wirtschafts- und Verkehrsministeriums Nordrhein Westfalen

mit einem Vorgarn bewickelt. Über die Rolle ist sodann ein gleiches Vorgarn geführt worden, das auf der einen Seite ein Vorspanngewicht erhielt, auf der anderen Seite dagegen in die Klemme der Abzugsvorrichtung eingespannt war. Die Klemme wurde nunmehr mit einer sehr geringen Geschwindigkeit abwärts bewegt und dabei das Vorgarn ganz langsam über die Rolle gezogen.

Für Baumwolle ergab die Aufzeichnung des Tintenschreibers eine praktsich geradlinige Kurve (Kurvenblatt 4, oberes Diagramm). Der gleiche Versuch mit einem Zellwollmaterial brachte die charakteristischen Schwankungsspiele zwischen den Reibungswerten, die sich einerseits für die Faserhaftung und andererseits für den Gleitvorgang ergeben (Kurvenblatt 4, unteres Diagramm).

Kurvenblatt 5 zeigt Haft-Gleitlinien, die an Streckenband und Flyerlunten aus einer Viskose-Zellwolle aufgenommen sind. Die Kurven bedürfen nach den bisherigen Erklärungen keiner zusätzlichen Erläuterung.

3. Dynamische Prüfungen zur Ermittlung der Haft-Gleiteigenschaften

Ein Faserband oder Vorgarn, das in gleicher Weise wie in einem Streckwerk laufend zwischen der Zulaufwalze und der Abzugswalze einer Dehnungsprüfmaschine durchgeführt wird, erfährt je nach dem gegebenen Geschwindigkeitsunterschied, welcher durch die Größe des eingestellten Getriebeverzuges bestimmt wird, entweder nur eine Anspannung oder aber einen Verzug. Wenn hierbei die jeweils wirksamen Belastungskräfte mittels einer Tastrolle ermittelt werden, müssen sich analog den Vorgängen beim Festigkeitsprüfer unterschiedlich hohe Werte einstellen.

Andererseits hat natürlich auch die augenblickliche Masse des Prüfgutes, also dessen Nummer einen Einfluß auf die jeweiligs auftretenden Belastungskräfte, da eine gröbere Nummer höhere Anspann- bzw. Verzugskräfte als eine feinere Nummer erfordert.

Kurvenblatt 6 stellt die Aufnahme einer Mittelflyerlunte in der Dehnungsprüfmaschine dar. Der obere Kurvenzug zeigt das Ergebnis der Gleichförmigkeitsprüfung mit dem "Textronograph", dessen Meßkondensator vor der Einlaufwalze angeordnet wurde. Darunter ist das Diagramm für die Belastungskräfte aufgetragen, welche mit der magnetelektrischen Meßeinrichtung zwischen Einlauf- und Abzugwalze abgetastet wurden. Da bei der Prüfmaschine

Forschungsberichte des Wirtschafts- und Verkehrsministeriums Nordrhein Westfalen

mit einer Prüfstrecklänge von 200 mm gearbeitet wird, kann die Anzeigevorrichtung für die Belastungskraft nicht die auf kürzere Längen verteilten Dickeschwankungen wiedergeben. Obwohl aus diesem Grunde das Diagramm der Gleichförmigkeitsprüfung eine stärkere Unruhe als das Diagramm für die Belastungskräfte zeigt, ist der übereinstimmende Verlauf der beiden Kurvenzüge ohne weiteres ersichtlich.

Bei Vorgarnen sind die Anspann- bzw. Verzugskräfte weitgehend auch von der angewandten Drallgabe abhängig. Auf diese Art von Prüfungen, welche die Auswirkung der jeweils angewandten Drehung auf die Haftkräfte bzw. Haftlängen zu bestimmen gestatten, wird in Abschnitt D 2 näher eingegangen werden.

4. Aufnahmen von Haft-Gleitcharakteristiken mit in Stufen verändertem Getriebeverzug

Ähnliche Diagramme wie mit dem Festigkeitsprüfer Steha stat lassen sich auch mit einer Dehnungsprüfmaschine gewinnen, wenn bei dieser der Getriebeverzug d.h. der Geschwindigkeitsunterschied zwischen Zulauf- und Abzugswalze nicht konstant eingestellt ist, sondern fortlaufend eine Erhöhung der wirksamen Dehnung bzw. des Verzuges vorgenommen wird. Dabei ist der Vorteil gegeben, daß ohne besonderen Arbeitsaufwand jeweils größere Materiallängen erfaßt werden und sich daher bei auftretenden stärkeren Streuungen sehr rasch zuverlässige Mittelwerte bestimmen lassen.

Auf Kurvenblatt 7 sind nach diesem Verfahren die Haft-Gleitcharakteristiken eines Prüfgutes aus Viskose-Zellwolle aufgenommen; das obere Diagramm gilt für ein Streckenband, das untere für eine Mittelflyerlunte. Die Dehnungsstufen wurden im Gebiet der Anspannung und der maximalen Haftkraft von Prozent zu Prozent, darüber hinaus in größeren Sprüngen verändert. Aus dieser Art der Darstellung ist die unterschiedlich große Haftdehnung für ein Kardenband und für eine Mittelflyerlunte deutlich zu erkennen.

5. Haft-Gleitprüfungen an Flyerlunten aus Baumwolle

Auf Kurvenblatt 8 finden sich weitere Haft-Gleitcharakteristiken, die jeweils mit verschiedenen Getriebeverzügen aufgenommen worden sind. Bei dem oberen Diagramm wurde ein großer Papiervorschub (30 mm/min) angewandt, so daß je Dehnungsstufe nur eine kleinere Materiallänge erfaßt ist. Die Aufzeichnung des darunter befindlichen Diagramms erfolgte mit einem Papiervorschub von 3 mm/min; dadurch erscheint es unruhiger und enthält eine größere Zahl von stärker streuenden Meßpunkten.

Forschungsberichte des Wirtschafts- und Verkehrsministeriums Nordrhein Westfalen

Anschließend wurden Untersuchungen mit einer sehr tiefliegenden Prüfgeschwindigkeit von nur 25 mm/min durchgeführt, um die charakteristischen Unterschiede zwischen Flyerlunten einerseits aus Baumwolle und andererseits aus Zellwolle vergleichend zeigen zu können und das Entstehen von Anspann- und Verzugsvorgängen zu erklären. Dabei kamen jeweils gleiche Materiallängen zur Prüfung. Der Vorschub des Diagrammpapiers betrug 3 bzw. 30 mm/min.

Die Kurvenblätter 8 bis 11 zeigen die Ergebnisse für eine Mittelflyerlunte aus Baumwolle. Auch hier wachsen die Belastungskräfte im Gebiet der Anspannung mit Erhöhen des eingestellten Getriebeverzuges an. Auftretende Schwankungen dürften auf Ungleichmäßigkeiten in der Flyerlunte, d.h. auf Nummernschwankungen oder auch auf eine etwas ungleichmäßige Verteilung der Drehung zurückzuführen sein.

Bei der angewandten kleinen Abzugsgeschwindigkeit sind trotz der längeren Versuchsdauer jeweils nur verhältnismäßig geringe Materiallängen erfaßt. Dadurch besteht die Gefahr, daß sich innerhalb der einzelnen Dehnungsstufen zufällig vom Mittelwert stärker abweichende Belastungskräfte einstellen und zu Anzeige kommen. Trotzdem ist auch aus diesen Prüfungen klar ersichtlich, daß die höchsten Belastungskräfte (Haftkräfte) für die Flyerlunte aus Baumwolle etwa bei einer Dehnungseinstellung von 4 bis 5 % auftreten und daß beim Überschreiten dieser Werte stärkere Schwankungsspiele zu beobachten sind.

Diese sind zweifellos darauf zurückzuführen, daß bei der Eigenart des Prüfvorganges Haftzustände und Gleitvorgänge miteinander abwechseln (vgl. dazu Abschnitt A 2). Theoretisch müßte bei gleichmäßig zusammengesetzten Faserbändern bzw. Vorgarnen ein völlig periodischer Wechsel zwischen Haft- und Gleitzustand auftreten, wenn der Getriebeverzug um einen bestimmten Betrag über der Haftdehnung liegt. Dabei wird bei dem Ansteigen der Kraft jedes Mal die zugehörige Haftkraft erreicht; der Zusammenbruch der Kraft auf einen tieferliegenden "Verzugswert" hängt dagegen von der Größe des eingestellten Verzuges ab, da dieser beim Entstehen einer ausgesprochenen "Schnittstelle" für den Grad der hier erfolgenden Auflockerung maßgebend ist.

Deutlich treten solche Schwankungsspiele bei den für die Dehnungseinstellungen 7 %, 8 %, 10 % und 15 % geltenden Diagrammen hervor. Bei diesen Aufnahmen sind zweifellos besonders gleichmäßige Stellen des Prüfgutes erfaßt worden. Gleichzeitig zeigen die Diagramme, daß die Zahl der Schwankungsspiele für eine bestimmte Materiallänge erwartungsgemäß mit zunehmendem Getriebeverzug größer wird.

6. Haft-Gleitprüfungen an Flyerlunten aus Zellwolle

Die Kurvenblätter 12 bis 15 zeigen das Ergebnis von Prüfungen an Mittelflyerlunten aus Viskosezellwolle. Sie lassen die typischen Unterschiede gegenüber den vorstehend behandelten Untersuchungen an Mittelflyerlunten aus Baumwolle deutlich hervortreten.

Zunächst sind wieder die charakteristischen Haft-Gleiteigenschaften durch eine Prüfung auf der Dehnungsprüfmaschine mit unterschiedlich eingestelltem Getriebeverzug aufgenommen worden. Der Höchstpunkt der Kurve wird hier schon früher als bei Baumwolle erreicht; bei einer Erhöhung der Dehnungseinstellung über 2 % ist kein stärkerer Anstieg der Belastungskraft mehr festzustellen.

Da bei größeren Dehnungswerten die Schwankungen stärker anwachsen, können für die Beurteilung des Prüfgutes die mittleren Belastungskräfte zu Grunde gelegt werden, welche leicht durch einen an Hand der Versuchsergebnisse aufzuzeichnenden Linienzug darzustellen sind.

Wenn auf der Dehungsprüfmaschine mit einer sehr kleinen Prüfgeschwindigkeit gearbeitet wird (25 mm/min für die Abzugswalze) treten genau wie bei den Haft-Gleituntersuchungen auf dem Festigkeitsprüfer mit elektrischer Meßeinrichtung auch hier ausgesprochene Haft-Gleitwechsel (Ruckverzüge) in Erscheinung. Sie sind bereits bei einer Dehnungseinstellung von nur 1 % vorhanden und stellen sich in Form kleiner Kraftdehnungsdiagramme dar. Wie bei einer Reißprüfung wächst von einer bestimmten Vorlast ausgehend (Punkt A, Kurvenblatt 12) die Kraft fortlaufend an, bis die "Bruchlast" erreicht ist und mit einem Auseinandergleiten des Faserverbandes plötzlich ein starker Kraftabfall eintritt (Punkt B). Dieser Rückgang dauert solange an, bis die Kraft nicht mehr ausreicht, um bei dem gegebenen Reibungskoeffizienten für den Zustand der Bewegung ein noch weiteres Auflösen des Faserverbandes zu bewirken (Punkt C). Mit fortschreitender Prüfung setzt deshalb der gleiche Vorgang von neuem ein, indem sich wieder ein Spannungszustand ausbildet, bis nach Überschreiten der Haftkraft ein weiterer Gleitvorgang ausgelöst wird.

In gleicher Weise wie bei den behandelten Prüfungen an Baumwollmaterial ergibt sich auch hier, das periodische Schwankungen zwischen ausgesprochenen Haft-Gleitzuständen erst bei höheren Dehnungseinstellungen auftreten. Während sie bei Baumwolle ab etwa 5 % Getriebeverzug in ausgeprägter Form erscheinen, sind sie bei Zellwolle bereits bei der Dehnungseinstellung von 3 % deutlich sichtbar. Bei allen Aufnahmen für Zellwolle überlagern sich die Haft-Gleitwechsel (Ruckverzüge) den auftretenden Anspann- bzw. Verzugskräften, so daß diese Diagramme ein wesentlich unruhigeres Aussehen als die entsprechenden Kurven für Baumwollmaterial aufweisen.

Wie bei den mit einer Prüfgeschwindigkeit von 2,5 m/min aufgenommenen Haft-Gleitlinien zeigt sich auch bei der tiefliegenden Prüfgeschwindigkeit von nur 25 mm/min, daß die maximale Haftkraft bereits bei einer Dehungseinstellung von 2 bis 3 % erreicht wird.

Die Periodenlänge für die einzelnen Schwankungsspiele zwischen Anspann- und Verzugsvorgängen verkürzt sich in gleicher Weise wie bei den bereits behandelten Untersuchungen an Baumwolle. Besonders charakteristisch hierfür sind die Diagramme, welche bei Dehnungseinstellungen von 4, 6, 10 und 20 % Getriebeverzug aufgezeichnet wurden.

Entsprechend der größeren Relativbewegung der einzelnen Fasern gegeneinander ändert sich bei gleichbleibender Prüfgeschwindigkeit mit der wachsenden Dehnungseinstellung auch das Bild für die Haft-Gleitwechsel (Ruckverzüge). Während bei einer Dehnungseinstellung von 1 % mitunter 40 bis 50 sec vergehen, ehe auf einen Kraftanstieg ein erneuter Zusammenbruch erfolgt, ergeben sich Haft-Gleitwechsel bei höheren Dehnungseinstellungen in rascher Folge (vgl. hierzu die Diagramme für 5, 9, 15 und 30 % Dehnungseinstellung).

Bei einer Erhöhung der Prüfgeschwindigkeit wird der Tintenschreiber infolge seiner Trägheit Haft-Gleitwechsel (Ruckverzüge) nicht oder wenigstens nicht ausgeprägt zur Anzeige bringen. Zum Beweis, daß sich solche Zustände auch hierbei ausbilden, wurde eine kapazitive Meßeinrichtung zum Einsatz gebracht und für die Aufzeichnung der Meßwerte ein Lichtpunktschreiber und ein Kathodenstrahlzillograph verwendet.

Kurvenblatt 16 bringt Aufnahmen mit dem Lichtpunktschreiber für eine Prüfgeschwindigkeit von 350 mm/min. Gegenüber den vorstehend behandelten Untersuchungen wurde also eine Steigerung auf das etwa 15-fache vorgenommen.

Forschungsberichte des Wirtschafts- und Verkehrsministeriums Nordrhein Westfalen

Wie die vom Lichtstrahl auf das photoempfindliche Papier aufgezeichneten Diagramme erkennen lassen, sind auch hierbei die Haft-Gleitwechsel noch in voller Höhe vorhanden.

Denselben Tatbestand zeigt Kurvenblatt 17, welches Oszillogramme von den gleichen Versuchsreihen bringt. Die Registrierung erfolgte mit der im Abschnitt B 3 behandelten Universal-Registrierkamera. Nähere Angaben über die Einstellung der Dehnungsprüfmaschine und der Meßeinrichtung sind in die einzelnen Diagrammstreifen eingetragen. Im Gegensatz zu den anderen gezeigten Diagrammen sind die Oszillogramme nicht von rechts nach links, sondern von links nach rechts zu lesen.

Die kurzperiodischen Schwingungen entstehen nicht durch Vorgänge im Verzugsfeld. Sie sind vielmehr auf Eigenschwingungen des Meßgliedes zurückzuführen und müssen daher bei der Betrachtung und Auswertung außer Ansatz gelassen werden.

7. Untersuchungen am Streckwerk

In einem weiteren Teilbericht zu dem vorliegenden Forschungsvorhaben soll darauf eingegangen werden, daß sich unter bestimmten Voraussetzungen in einem Streckwerk ganz ähnlich Vorgänge wie bei den Versuchen mit der Dehnungsprüfmaschine ausbilden können. Den bereits durchgeführten umfangreichen Versuchsreihen sind die Kurvenblätter 18 und 19 entnommen.

Kurvenblatt 18 zeigt Aufnahmen an einem Streckenband aus Zellwolle. Das obere Diagramm stellt die Masseschwankung __vor__ dem Einlauf in das Streckfeld, das mittlere Diagramm dagegen die Masseschwankung __nach__ dem Durchgang durch das Streckfeld dar. Die Kurven wurden mit zwei Textronographen aufgenommen, deren Meßkondensatoren vor dem Einlauf bzw. nach dem Lieferwalzenpaar angeordnet waren. In dem unteren Diagramm sind schließlich die im Streckfeld wirksamen Verzugskräfte wiedergegeben. Sie wurden mit einer elektrischen Meßlehre bestimmt, deren Fühlhebel das Prüfgut zwischen den beiden Walzenpaaren im Streckwerk abtastete. Eindrucksvoll ist zu sehen, wie sich durch den Verzug hervorgerufene Verzugswellen der ursprünglichen Masseschwankung überlagern. Ferner tritt deutlich hervor, daß die Größe der auftretenden Spannung weitgehend der jeweiligen Masse des einlaufenden Materials entspricht.

Um diese letzte Beziehung noch schärfer unter Beweis zu stellen, bringt Kurvenblatt 19 Aufnahmen von einem Kardenband aus Zellwolle mit periodisch wiederkehrenden Masseschwankungen, welche von einem schlagenden Abnehmer herrührten. In übereinstimmender Weise ergibt die unten dargestellte Kurve für die Verzugskräfte ein gleiches Schwankungsspiel.

D. Ermittlung der Haft-Gleiteigenschaften in Abhängigkeit von Verarbeitungsvorgängen, Fasereigenschaften und zusätzlichen Behandlungsmethoden

Mit den nachfolgend behandelten Untersuchungen soll an Hand besonders instruktiver Beispiele gezeigt werden, wie mit Hilfe der im Abschnitt B beschriebenen neuartigen Prüfgeräte weitgehende Einblicke in das Verhalten verschiedenen Fasermaterials und in den Ablauf von Verarbeitsvorgängen zu gewinnen sind. Es ist dabei unmöglich und deshalb auch keinesfalls etwa beabsichtigt, die gesamten außerordentlich verwickelten Zusammenhänge bereits mit diesem Bericht einer abschließenden Klärung zuzuführen (vgl. dazu die Zusammenfassung in Abschnitt E).

Die unter Ziffer 2 gezeigten und besprochenen Diagramme lassen erkennen, wie sich die Verarbeitungsvorgänge (Ziffer 1 und 2), die Fasereigenschaften (Ziffer 3 bis 6) und die Behandlung der Fasern mit Avivagemitteln beim Färben und Imprägnieren (Ziffer 7 bis 9) auf die Haft-Gleiteigenschaften und das Ausbilden von Haft-Gleitwechseln (Ruckverzügen) auswirken. Das Material konnte umfangreichen Versuchsreihen entnommen werden, die zur Klärung der verschiedenen Aufgabenstellungen dienten. Das jeweils zur Verfügung stehende Prüfgut war jedoch nicht immer so vollständig, daß mit ihm alle sich ergebenden Fragen untersucht und beantwortet werden konnten. Aus verständlichen Gründen muß darauf verzichtet werden, die Namen von Herstellerfirmen zu nennen und Angaben über Materialbezeichnungen, durchgeführte Behandlungsmethoden, die Zusammensetzung angewandter Avivagemittel und andere Einzelheiten zu machen. Trotzdem wird es möglich sein, nicht nur grundlegende Tendenzen aufzuzeigen, sondern auch mit Hinweisen zu dienen, die für den praktischen Betrieb von Interesse sind und sicher Anlaß dazu geben werden, daß sich weitere Stellen -insbesondere die Erzeuger von Chemiefasern selbst- mit den neuen Prüfverfahren befassen und diese bei der Bearbeitung vorliegender einschlägiger Probleme zum Einsatz bringen.

Forschungsberichte des Wirtschafts- und Verkehrsministeriums Nordrhein Westfalen

1. Veränderung der Haft-Gleiteigenschaften durch Verzugs- (Streck-), Vorgänge

In der von der Schlagmaschine ausgelieferten Wickelwatte liegen die einzelnen Fasern noch völlig ungeordnet durcheinander. Die Karde hat neben der weiteren Auflösung des Faserverbandes die Aufgabe, die einzelnen Fasern auszurichten, so daß sie im Kardenband nicht mehr ausgesprochen wirr liegen, sondern in geschichteter Lage erscheinen. Bei den nachfolgenden Verzugsvorgängen in den Streckwerken der Strecken, der Vorspinn- und der Feinspinnmaschinen wird eine weitere Parallelisierung erreicht, wobei die Einzelfasern immer gleichmäßiger nebeneinander gelegt werden und dadurch in fortschreitend engere Berührung gelangen. Infolgedessen wird die anfänglich starke Neigung zum Aufbauschen laufend geringer und außerdem die ursprüngliche Kräuselung der Fasern bis zu einem gewissen Grade ausgezogen.

Mit dem fortschreitenden Arbeitsprozeß müssen sich daher die Verzugseigenschaften laufend verändern. Die Haftkraft bzw. die aus Verzugskraft und Materialnummer ermittelte Haftlänge (vgl. Abschnitt C 1) wird abnehmen. Beim Flyer erhält das vom Streckwerk ausgelieferte Fasermaterial einen Drall, der eine erhöhte Faserpressung bewirkt, so daß sich für die Flyerlunten wieder höhere Haftlängen ergeben (vgl. Ziffer 2).

Die immer bessere Parallellage der Einzelfasern, die Verminderung der Bauschelastizität und das Ausziehen der Kräuselung hat weiterhin eine laufende Abnahme der Haftdehnung zur Folge. Damit wird nach Abschnitt A 2 diejenige Längenänderung gekennzeichnet, die erforderlich ist, um den Zustand der Anspannung in den Zustand des Verzuges überzuführen. Die Größe dieser Abnahme stellt ein charakteristisches Merkmal für die gerade verarbeiteten Einzelfasern dar. Aus den durchgeführten Untersuchungen ergibt sich, daß eine Baumwolle mit einem starken natürlichen Kräuseleffekt bei den aufeinander folgenden Arbeitsprozessen weniger an Haftdehnung als eine Zellwolle verliert, bei welcher das Parallelisieren vor allem wegen des gleichmäßigen Stapels im allgemeinen weniger Schwierigkeiten als bei Baumwolle bereitet. Einleuchtend ist, daß auch die Oberflächenbeschaffenheit der Fasern, sowie aufgebrachte Schmälz- und Avivagemittel einen erheblichen Einfluß auf diese Vorgänge nehmen. Die Haftdehnung wird nämlich unter sonst gleichen Verhältnissen größer erscheinen, wenn der Zusammenhalt der Fasern stärker ist, da dann der Anspannvorgang zu höheren Belastungskräften und somit auch zu höheren Haftlängen führt.

Um den Einfluß des Streckenvorganges auf die Haft-Gleiteigenschaften im allgemeinen, sowie die Haftlänge und Haftdehnung im besonderen zu kennzeichnen, wurde einem Zwei-Zylinder-Streckwerk, das auf zweifachen Verzug eingestellt war, ein Kardenband aus Viskose-Zellwolle zugeführt und entsprechend verzogen. Das auf diese Weise gewonnene neue Band wurde nunmehr demselben Streckwerk doppelt vorgelegt, so daß die Materialmenge die gleiche wie zu Beginn war, und darauf ein zweites Mal dem Verzug unterworfen. Auf Kurvenblatt 2o sind die Haft-Gleitcharakteristiken des ursprünglichen sowie des einmal bzw. zweimal verzogenen Materials gegenübergestellt. Die laufende Abnahme der Haftlänge und gleichzeitig der Haftdehnung tritt deutlich hervor. Der Rückgang dieser beiden Werte hielt auch an, wenn weitere Streckpassagen folgten, doch wurde die Abnahme naturgemäß von Schritt zu Schritt geringer.

In entsprechender Weise sind die Zwischenprodukte der einzelnen Verarbeitungsstufen einer Drei-Zylinder-Spinnerei untersucht worden. Die Kurvenblätter 21 und 22 zeigen die Haft-Gleitcharakteristiken für eine Baumwolle vom Kardenband bis zur Feinflyerlunte. Auch hier ist aus den Dehnungsmaßstäben deutlich zu erkennen, wie die Haftdehnung von Verzugs- zu Verzugsstufe dauernd abnimmt.

Um bessere Vergleichsmöglichkeiten zu haben, ist es zweckmäßig, verschiedene für jedes Prüfgut aufgenommene Diagramme zu mitteln. Dazu wird an jeder Stelle der Mittelwert der Ordinaten aufgetragen, die zu den aufgezeichneten Kurven gehören. Dieses einfache Verfahren liefert hinreichend genaue Werte, wenn die Maxima der zusammengehörigen Kurven etwa an der gleichen Stelle liegen. Sofern die zugehörigen Haftdehnungen dagegen stärker voneinander abweichen, ist dies entsprechend zu berücksichtigen (vgl. Ziffer 8). Um zuverlässige Mittelkurven zu gewinnen, muß zur Ausschaltung zufälliger Abweichungen eine größere Anzahl von Kurven aufgenommen werden. In den beigefügten Diagrammen sind lediglich nur deshalb je vier Kurven eingetragen, um die Übersicht nicht durch eine allzu große Kurvenanzahl zu stören.

Da die auftretenden Belastungskräfte je nach der Nummer des Prüfgutes ein völlig verschiedenes Ausmaß besitzen, ist es weiter zweckmäßig, die nach dem obigen Verfahren gewonnenen Mittelwerte entsprechend der in Abschnitt

C 1 angegebenen Formel in Haftlängen umzurechnen. Die zugehörige Nummer bezieht sich dabei auf das Material, das zu Beginn der Versuche zwischen den Klemmen eingespannt war. Auf diese Weise entsteht aus den Diagrammen der Kurvenblätter 21 und 22 die übersichtliche Darstellung, welche auf Kurvenblatt 23 wiedergegeben ist. An dieser Abbildung tritt besonders deutlich hervor, wie mit fortschreitender Bearbeitung einerseits die Haftdehnung immer kleiner wird (das Maximum der Kurven wandert nach rechts) und wie andererseits die zugehörige maximale Haftlänge (Höhe des Kurvenmaximums) erst abnimmt und dann infolge der Erteilung des Dralles wieder stark ansteigt.

Nach demselben Verfahren wurden Haft-Gleitcharakteristiken für Zellwolle aufgenommen und ausgewertet. Zwecks Platzersparnis sind in diesem Fall nur die umgerechneten Haftlängen wiedergegeben (Kurvenblatt 24). Der Vergleich der Kurvenblätter 23 und 24 -mit den "Spinnpassagen-Kennlinien"- zeigt, daß sich die Haft-Gleitlinien für das Kardenband bei Baumwolle und Zellwolle kaum unterscheiden, während sich bereits für das Streckenband eine abweichende Tendenz ergibt die bei den Flyerlunten in noch viel stärkerem Maße in Erscheinung tritt.

Das geschilderte Prüfverfahren ermöglicht grundlegende Einblicke insbesondere in das Verhalten der verschiedenen Zellwollqualitäten. Das Ergebnis umfangreicher Vergleichsversuche, auf die hier nicht im einzelnen eingegangen werden kann, läßt sich dahingehend zusammenfassen, daß eine Zellwolle, die beim Durchlaufen mehrerer Streckwerke rasch an Dehnung verliert, auf den Streckwerken der Vorspinn- und Feinspinnmaschinen meist zu einer stärkeren Schnittbildung neigt. Infolgedessen muß in diesem Fall die Einstellung dieser Streckwerke besonders sorgfältig vorgenommen werden.

Bei den durchgeführten Untersuchungen konnten Unterlagen gefunden werden, die es ermöglichen, Angaben über die für jede Streckpassage anzustrebenden Haftlängen zu machen. Diese sind wie folgt bekannt zu geben:

<u>Zusammenstellung der anzustrebenden Haftlängen</u>

Maschine	Baumwolle:	Zellwolle:
Karde:	18 bis 25 m	18 bis 25 m
Vorstrecke:	16 bis 22 m	16 bis 22 m
Ausstrecke:	15 bis 20 m	15 bis 20 m
Grobflyer:	25 bis 30 m	30 bis 40 m
Hochverzugsflyer:	30 bis 40 m	40 bis 50 m
Mittelflyer:	40 bis 50 m	50 bis 65 m

Forschungsberichte des Wirtschafts- und Verkehrsministeriums Nordrhein Westfalen

Wegen des Auftretens von Haft-Gleitwechsel liegen die Werte für Zellwollvorgarne um etwa 30 % höher, wobei ein mittlerer Haftfaktor von 0,7 angenommen ist.

Mit Hilfe dieser Zusammenstellung vermag der Betriebspraktiker von sich aus zu entscheiden, ob und wie weit ein ihm vorgelegtes Fasermaterial von der Norm abweicht und welche Maßnahmen gegebenenfalls zu ergreifen sind, um entweder die Einstellung seiner Spinnereimaschinen den gegebenen Voraussetzungen anzupassen oder aber noch nachträglich eine Beeinflussung der Haft-Gleitcharakteristiken durch geeignete Avivage- oder Schmälzmittel vorzunehmen. Außerdem kann danach die Wahl des Drahtwechsels beim Flyer getroffen werden.

2. Vergrößerung der Haftkraft durch Drallgabe

Die Fasern, die in einem Faserband bzw. Vorgarn miteinander in Verbindung stehen, können um so größere Haftkräfte übertragen, je stärker der Druck ist, mit welchem sie aneinandergepreßt werden. Eine derartige Druckerhöhung läßt sich durch eine Drallgabe erreichen, wobei zu gelten hat, daß sich das Einbinden der einzelnen Fasern um so stärker auswirkt, je höher der Drall gewählt wird. Einen solchen Drall erhalten die Vorgarne zur Verfestigung auf den Flyer. Wie bereits in Abschnitt A 1 betont wurde, ist dafür zu sorgen, daß das Material von den im Gatter aufgestellten Spulen einwandfrei abläuft, ohne zu Fehlverzügen zu neigen. Andererseits dürfen die beim Verstrecken zu überwindenden Haftkräfte nicht zu hoch liegen, damit das Klemmvermögen der Zylinderpaare im Streckwerk ausreicht, um den Übergang von Anspannung zum Verzug im Streckfeld zu bewirken.

Auf Kurvenblatt 25 ist die Auswertung von Aufnahmen an drei verschiedenen Vorgarnen aus Baumwolle, Viskosezellwolle und Perlonstapelfaser gegenüber gestellt. Damit der vom Flyer erteilte Drall erhalten blieb, wurde das Material mit besonderer Sorgfalt in die Klemmen eines Festigkeitsprüfers Type Steha stat eingespannt. Die hierbei ermittelten Haftkräfte zeigten nur geringe Unterschiede. Durch Verdrehen der unteren, für diesen Zweck besonders ausgebildeten Klemme wurde anschließend festgestellt, in welcher Weise sich die zusätzliche Drallgabe auf die Höhe der Haftkraft auswirkt. Für die einzelnen Versuche waren jeweils neue Vorgarnstücke einzusetzen. Das Auftragen der durch Umrechnung gefundenen Werte für die Haftlängen in Kurvenform gibt das aus Kurvenblatt 25 ersichtliche Bild. Es zeigt sich, daß die Haftlängen bei allen drei Materialien mit zunehmendem Drall stetig

Forschungsberichte des Wirtschafts- und Verkehrsministeriums Nordrhein Westfalen

anwachsen, daß aber bei Viskosezellwolle und Perlon ein erheblich stärkerer Anstieg als bei Baumwolle zu beobachten ist.

Eine Verfestigung von Vorgarnen wird auch durch die in der Kammgarn- und Streichgarnspinnerei übliche Nitschelung erzielt. Bei Haft-Gleituntersuchungen zeigt sich, daß im allgemeinen nach Überschreiten der Haftkraft der Faserverband stark aufgelockert wird und daher einem weiteren Auseinanderziehen nur noch mit geringen Kräften entgegenzuwirken vermag.

Die Untersuchungen zeigen, daß nur eine genaue Kenntnis des Verhaltens der einzelnen Materialien die Möglickeit gibt, in jedem Fall die richtige Drallgabe zu wählen. Als Ergebnis der zahlreichen durchgeführten Haft-Gleitprüfungen hat sich immer wieder gezeigt, daß gerade bei Flyerlunten mitunter sehr starke Unterschiede hinsichtlich der übertragbaren Haftkräfte bestehen. Diese Erscheinung ist zweifellos darauf zurückzuführen, daß sich der Betriebspraktiker durch einfache Fingerproben keine einwandfreie Vorstellung von dem Haftvermögen der einzelnen Fasermaterialien verschaffen kann und deshalb die Drahtwechsel nicht richtig wählt. Unbedingt ist deshalb eine exakte Messung vorzunehmen, auf Grund deren die Einstellung der Flyer erfolgen kann.

3. Einfluß der Stapellänge

Es ist zu erwarten, daß bei gleicher Faserfeinheit ein langstapliges Material einem Faserband (Karden- oder Streckband) bzw. einem mit gleicher Drallgabe hergestellten Vorgarn höhere Haftkräfte vermittelt als ein kurzstapliges Material, da im ersten Fall entsprechend größere Faserlängen miteinander in Berührung stehen. Als experimentellen Nachweis hierfür zeigt Kurvenblatt 26 die Haft-Gleitcharakteristik für Viskosezellwolle einerseits von 40 mm und andererseits von 60 mm Stapellänge. In beiden Fällen hatte das Material einen Titer von 1,5, war tiefmatt gebleicht und besaß dieselbe Kräuselung. Ferner wurde dem Vorgarn jedesmal derselbe Drall erteilt, so daß der Unterschied zwischen den beiden Aufnahmen lediglich auf die verschiedene Stapellänge zurückzuführen sein wird. Darauf hinzuweisen bleibt, daß auch durch unterschiedliche Avivagen die Höhe der Haftkraft verändert wird (vgl. dazu Ziffer 7). Bei dem vorliegenden Versuch scheint jedoch ein derartiger Einfluß nicht vorhanden gewesen zu sein. Während die Aufnahmen in beiden Fällen eine übereinstimmende Haftdehnung ergeben (etwa 2 bis 3 %), zeigen die eingetragenen Belastungsmaß-

stäbe, daß der Mittelwert der Haftkraft für die kurzstaplige Zellwolle
bei 60 Gramm liegt, bei der langstapligen dagegen etwa 90 Gramm erreicht.

4. Auswirkung des Einzelfasertiters

In gleicher Weise wie der längere Stapel wird auch der feinere Titer eine
Erhöhung der in einem Faserband bzw. Vorgarn auftretenden Haftkräfte mit
sich bringen. Bei absolut gleichmäßiger Lagerung muß allerdings jede Einzelfaser aus geometrischen Gründen stets von gerade 6 anderen anliegenden
Fasern berührt werden. Da aber in zwei Materialien von gleicher Nummer bei
einem feineren Titer viel mehr Einzelfasern als bei einem gröberen Titer
vorhanden sind, wird die Anzahl der auftretenden Berührungen bei einem feineren Titer entsprechend höher sein. Kurvenblatt 27 gibt die Aufnahmen für
tiefmattierte Zellwolle mit einem Titer von 2,0 bzw. 2,75 wieder. Die Haftkraft beträgt im ersten Fall etwa 250, im zweiten Fall dagegen nur etwa
150 Gramm.

5. Abhängigkeit von der Oberflächenbeschaffenheit

Eine Mattierung der Zellwolle wird durch Titandioxyd erreicht. Unter dem
Mikroskop zeigt sich dann deutlich eine Einlagerung von Kristallen aus
dem Mattierungsmittel, wodurch die Faseroberfläche eine rauhe Struktur erhält. Es läßt sich deshalb erwarten. daß eine mattierte Zellwolle in Band-
oder Vorgarnform um so höhere Verzugskräfte erfordert, je stärker der Grad
der Mattierung gewählt wird. Zum experimentellen Nachweis zeigt Kurvenblatt 28 zwei Aufnahmen von glänzender und mattierter Viskosezellwolle,
die sonst gleiche Eigenschaften besaßen. Die Haftkraft beträgt im ersten
Fall etwa 55, im zweiten Fall etwa 70 Gramm. Es muß jedoch darauf hingewiesen werden, daß sich gerade bei der Untersuchung der Oberflächenbeschaffenheit verschiedene Einflüsse überdecken können und daß sich unter
Umständen der Einfluß von Avivagemitteln stärker als die Mattierung des
Materials auszuwirken vermag.

6. Einfluß der Kräuselung

Bei der Kräuselung ist zwischen der Höhe der einzelnen Kräuselbogen und
ferner der Anzahl der Kräuselungen pro Längeneinheit zu unterscheiden. Bei
der Prüfung muß vorausgesetzt werden, daß die Kräuselung dem zu untersuchenden Streckvorgang auch wirklich standhält und daher in dem Prüfgut
auch hinterher unverändert erhalten geblieben ist. Da die aufgenommenen

Diagramme bisher noch kein hinreichend zuverlässiges Bild von dem Einfluß der Kräuselung ermöglichen, wurde auf die Wiedergabe solcher Kurven verzichtet.

7. Einfluß unterschiedlicher Avivage- bzw. Schmälzmittel

Avivage- und Schmälzmittel haben die Aufgabe, die Oberflächenbeschaffenheit der Einzelfasern zu verändern und sie dadurch für die verschiedenen Arbeitsvorgänge besonders geeignet zu machen. Sowohl zur Florbildung auf der Karde wie auch für den Zusammenhalt des Fasermaterials im Karden- und Streckenband sind haftende Eigenschaften des Fasermaterials erforderlich. Beim Vorgarn ist durch die Drallgabe ein zusätzliches Mittel zur Vergrösserung des Faserzusammenhaltes gegeben. Im Gegensatz hierzu soll in den Streckwerken ein möglichst geringer Widerstand gegenüber den auszuübenden Verzugsvorgängen vorhanden sein, so daß in diesem Fall gerade umgekehrt Mittel zu fordern sind, die ein leichtes Aneinandergleiten der Einzelfasern bewirken (vgl. hierzu die Ausführungen in Abschnitt A 1).

Wie stark die Haft-Gleiteigenschaften durch verschiedenartige Avivagemittel zu beeinflussen sind, ist anschaulich aus Kurvenblatt 29 zu erkennen, auf welchem die Auswirkung einer glatten, einer mittleren einer rauhen Avivage bei Viskosezellwolle dargestellt ist. In den beiden letzten Fällen tritt das zusätzliche Entstehen von Haft-Gleitwechsel (Ruckverzügen) besonders ausdrucksvoll in Erscheinung.

Zur weiteren Veranschaulichung sind auf den Kurvenblättern 30 und 31 ausgewertete (d.h. auf Haftlängen umgerechnete) Haft-Gleitcharakteristiken wiedergegeben, die für Kardenband, Streckenband und Mittelflyerlunten gelten. Auf den beiden Blättern ist unter Zugrundelegung des genau gleichen Materials einmal die Auswirkung einer Behandlung mit einer glatten und ferner mit einer rauhen Avivage gegenübergestellt. In derselben Weise wie bei den mit dem Steha stat aufgenommenen Diagrammen ist auch hier deutlich zu erkennen, daß die rauhe Avivage erheblich höhere Haftkräfte als die glatte Avivage vermittelt, was sich für die Florbildung und den Zusammenhalt der Faserbänder günstig, für den Verzugsvorgang dagegen bis zu einem gewissen Grade nachteilig auswirken wird.

Schmälzmittel, die in den Aufbereitungsanlagen von Baumwollspinnereien auf die Flocke aufgesprüht werden, sind derart zusammenzusetzen, daß sie ihre Aufgabe, die Verzugseigenschaften zu verbessern, erfüllen können.

Forschungsberichte des Wirtschafts- und Verkehrsministeriums Nordrhein Westfalen

Der Grad der Beeinflussung läßt sich ebenfalls ohne Schwierigkeiten mit den vorbeschriebenen Meßgeräten nachweisen, doch kann auf die Beifügung entsprechender Diagramme verzichtet werden, da sie keine besonders charakteristischen Eigenschaften zeigen.

8. Veränderung der Haft-Gleiteigenschaften durch Anfärbung

Wasch- und Färbprozesse, denen ein Fasermaterial in Flocken- oder Bandform unterworfen wird, haben eine Veränderung der Haft-Gleiteigenschaften zur Folge, da Fett und Wachs ausgewaschen und aufgebrachte Avivagemittel abgezogen werden. Erfahrungsgemäß macht es Schwierigkeiten, der Faser durc Nachavivieren wieder ihre ursprüngliche Beschaffenheit zu verleihen. Auch erfährt die Faseroberfläche durch ein- und aufgelagerte Farbsubstanzen oft eine erhebliche Veränderung.

Die Kurvenblätter 32 und 33 zeigen eindruckvoll die starken Veränderungen der Haft-Gleiteigenschaften, die sich bei einem Kammgarn-Vorgarn Nm 2,5 aus reiner Wolle in Abhängigkeit von den angewandten Farbstoffen für die Färbungen ockerbraun, hellmarine, schwarz, silbergrau, weinrot und hochrot ergeben habe. Da diese Untersuchungsergebnisse die Vorteile der neu entwickelten Prüfmethode besonders anschaulich hervortreten lassen, wurden die Meßwerte wiederum in Haftlängen umgerechnet und in Kurvenform zusammengestellt (Kurvenblatt 34). Hier sind die erheblichen Veränderungen der Haftkräfte durch die unterschiedliche Anfärbung noch deutlicher als aus den Kurvenblättern 32 und 33 ersichtlich.

Die Auswertung und Umrechnung der beiden mittleren Diagrammstreifen von den Kurvenblättern 32 und 33 macht insofern Schwierigkeiten, als hier die Haftdehnung stärker streut. Es ist daher zunächst die mittlere Haftdehnung zu bestimmen (Mittelwert der Abzissen, die zu den vier Maximalwerten gehören). Die Kurven werden sodann in waagerechter Richtung vom Nullpunkt aus so gedehnt bzw. verkürzt, daß die Maximalwerte an die Stelle der berechneten mittleren Haftdehnung zu liegen kommen. Nunmehr lassen sich die Ordinaten in der früher angegebenen Weise mitteln (Ziffer 1). Wenn eine solche Umrechnung auf die mittlere Haftdehnung nicht vorgenommen wird, können sich durch die Mittlung der Ordinaten Kurven ergeben, deren Verlauf erheblich von der Form der aufgenommenen Kurven abweicht.

Da bisher praktisch keine Möglichkeit bestand, Haft-Gleiteigenschaften verläßlich zu bestimmen, war es für den Spinner schwierig, die Auswirkung einer Naßbehandlung der Faser in Flocken- oder Bandform festzustellen und danach die Einstellung des Maschinenparks auszurichten. Die neu entwickelten Prüfverfahren und Prüfgeräte gestatten, viele dieser zur Zeit noch ungelösten Probleme und Fragen einer Klärung zuzuführen.

9. Auswirkung der Imprägnierungsmittel

Da die Verzugsfähigkeit von Faserbändern beim Aufbringen verschiedener Avivagen, Schmälzmittel oder Farbstoffe infolge der Änderung der Oberflächenbeschaffenheit der Fasern stark beeinflußt wird, ist anzunehmen, daß sich auch die Behandlung mit wasserabstoßenden Präparaten in entsprechender Weise auswirkt. Dieser Einfluß ist aus Kurvenblatt 35 klar ersichtlich.

Bei dem untersuchten Material handelt es sich um Kammgarn-Vorgarn, das mit zwei verschiedenen Imprägnierungsmitteln behandelt worden war. Entsprechend der Aufgabenstellung wurden in dieser Versuchsreihe Verzugsprüfungen bei unterschiedlicher Materialfeuchtigkeit durchgeführt. Die beiden gegenübergestellten Diagrammstreifen gelten für zwei verschiedene Imprägnierungsmittel A und B. Die rechts außen liegenden Kurven sind an Vorgarnen aufgenommen worden, die vorher im Konditionierofen getrocknet waren. Die mittleren Kurven stammen von einem normal lufttrockenem Material, während die linken bei Versuchen gefunden wurden, bei denen durch Wasserdampf eine Feuchtigkeitsanreicherung auf über 100 % vorgenommen war. Die Prüfung erfolgte mit einer Frenzel-Hahn-Garnprüfmaschine bei einem eingestellten Getriebeverzug von 20 % (vgl. hierzu Abschnitt C 4).

Während bei dem mit einem Imprägnierungsmittel A behandelten Vorgarn die im getrockneten Zustand vorhandenen verhältnismäßig hohen Verzugskräfte in normalem Klima kleiner werden und im befeuchteten Zustand noch weiter abfallen, geht für das Imprägnierungsmittel B die Tendenz dahin, daß das getrocknete Material die mittleren, das normal klimatisierte geringere und das angefeuchtete extrem hohe Verzugskräfte aufweist.

E. Zusammenfassung

Der vorliegende Bericht beschreibt neuartige Prüfverfahren und Prüfgeräte, die zur Ermittlung der Haft-Gleiteigenschaften von Faserbändern und Vorgarnen dienen. Bevorzugtes Interesse besteht vor allem an vergleichenden Untersuchungen der verschiedenen Chemiefasern, die oft stark voneinander abweichende Eigenschaften aufweisen. Es wird gezeigt, wie sich mit den neu entwickelten Meßanordnungen Einblicke in die sich beim Anspannen und Verziehen abspielenden Vorgänge gewinnen und insbesondere Haft-Gleitwechsel (Ruckverzüge) erfassen und in Diagrammform aufzeichnen lassen.

An Hand von Beispielen wird veranschaulicht, in welcher Weise sich die Haft-Gleitcharakteristiken mit fortschreitenden Arbeitsprozessen verändern und wie aufgetragene "Spinnpassagen-Kennlinien" wichtige Erkenntnisse über die Verarbeitungsmöglichkeiten der einzelnen Faserarten vermitteln. Zu beachten ist, daß die Verfestigung der Vorgarne durch Drallgabe ohne geeignete Hilfsmittel schwer bestimmt werden kann, so daß es hier besonders geraten scheint, das "Fingerspitzengefühl" durch eine exakte Messung zu ersetzen. Aufgezeigt sind weiterhin die Einflüsse von Stapel, Titer, Oberflächenbeschaffenheit der Einzelfasern und die Auswirkungen von aufgebrachten Avivagen und Imprägnierungsmitteln, von Wasch- und Färbeprozessen.

Die angegangenen und für die Betriebspraxis grundlegenden Probleme konnten zunächst keinesfalls erschöpfend behandelt und abschließend geklärt werden. Auch ergeben sich mit der Fortentwicklung der Chemiefaserproduktion immer wieder neue und schwierige Aufgabenstellungen. Trotzdem brachten die durchgeführten Untersuchungen aufschlußreiche Ergebnisse, welche nahelegen, geeignete Prüfeinrichtungen nicht nur zur Klärung grundsätzlicher Fragen, sondern auch zur dauernden praktischen Betriebskontrolle einzusetzen.

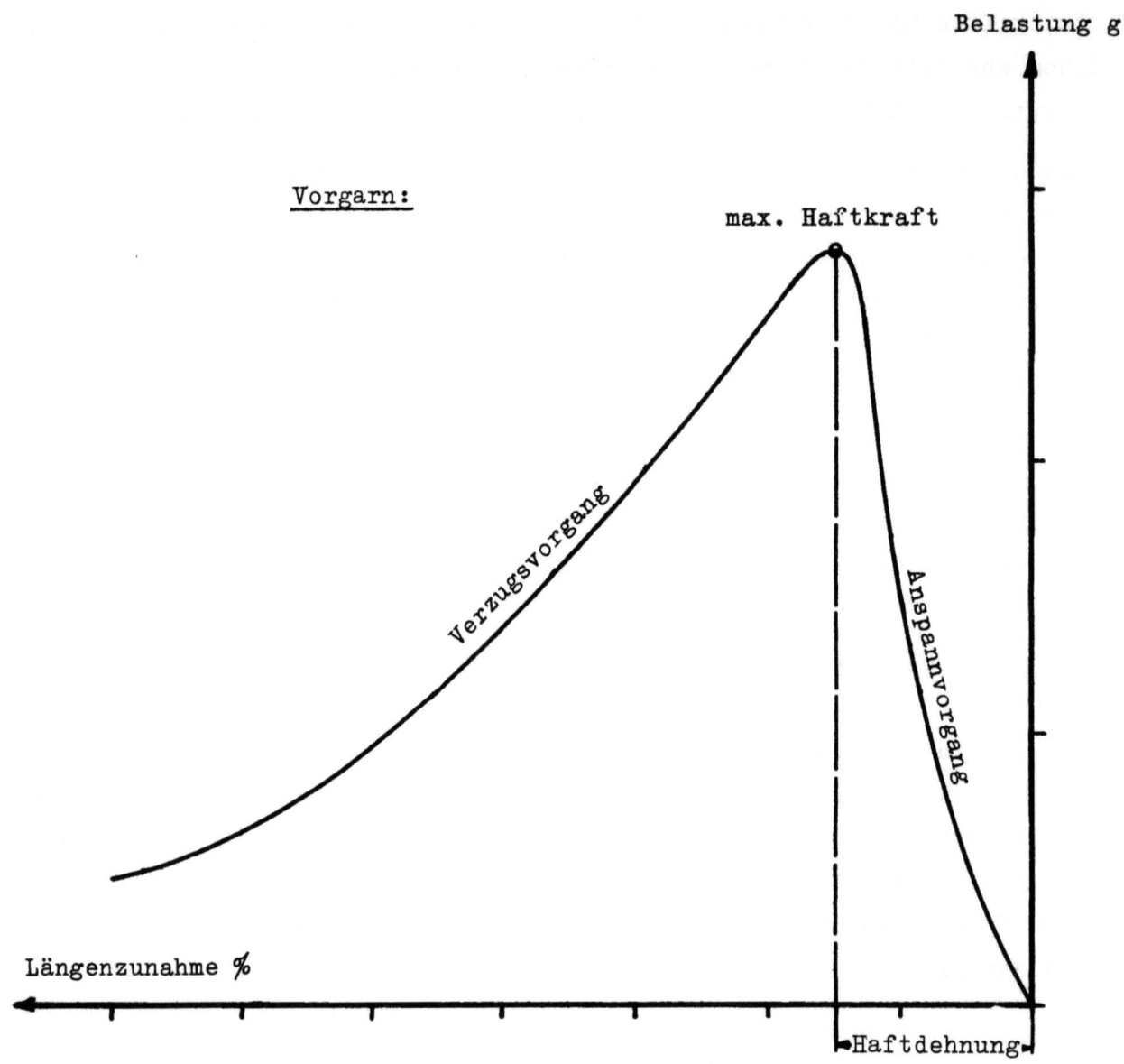

Kurvenblatt 1 (Abschnitt C 1)
Schematische Darstellung einer Haftgleitkurve für Baumwolle

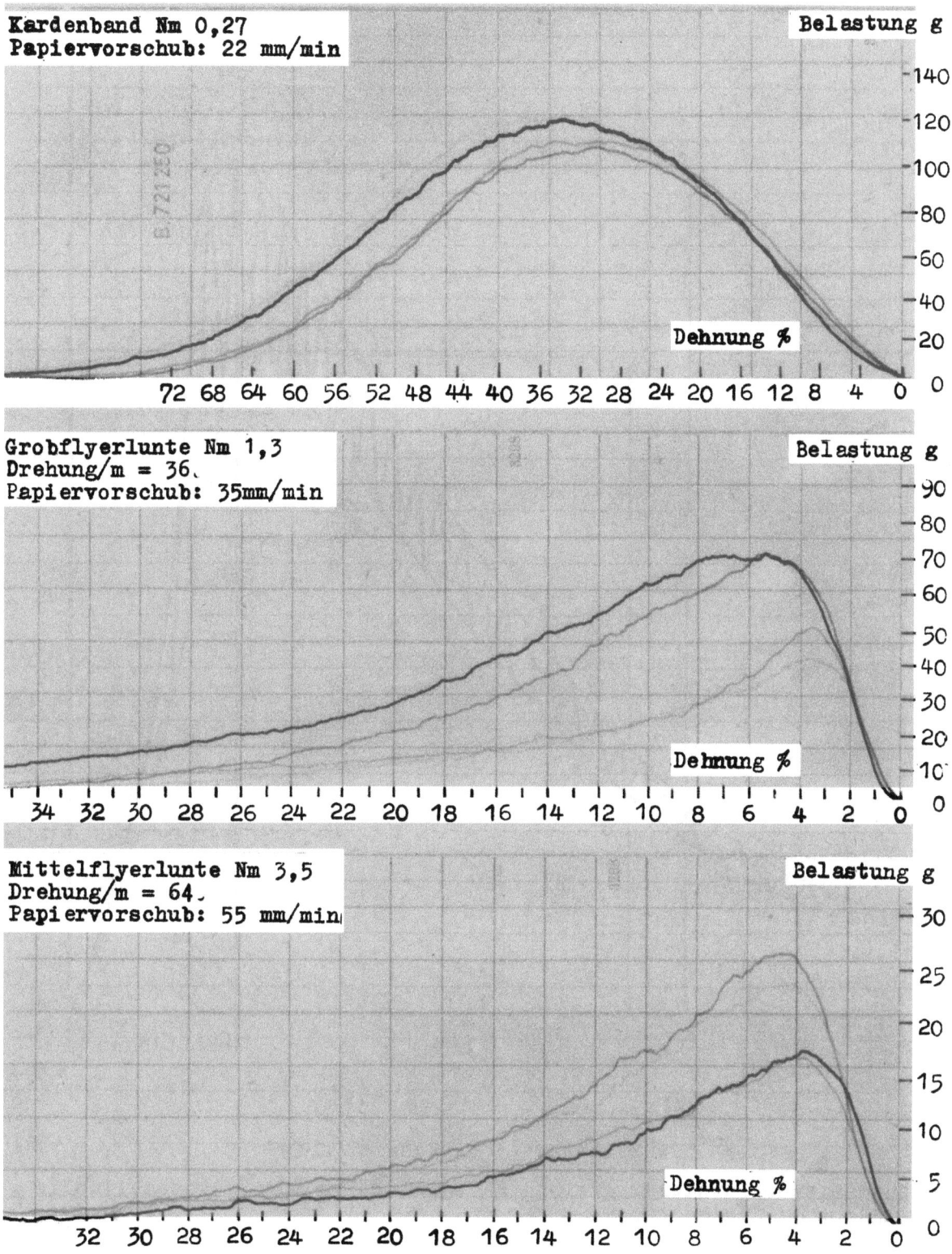

Kurvenblatt 2 (Abschnitt C 1)

Haftgleitkurven für Baumwolle

Ägyptische Baumwolle F_{max} = 38 mm

Einspannlänge: 100 mm   Abzugsgeschwindigkeit der Klemme: 11 mm/min

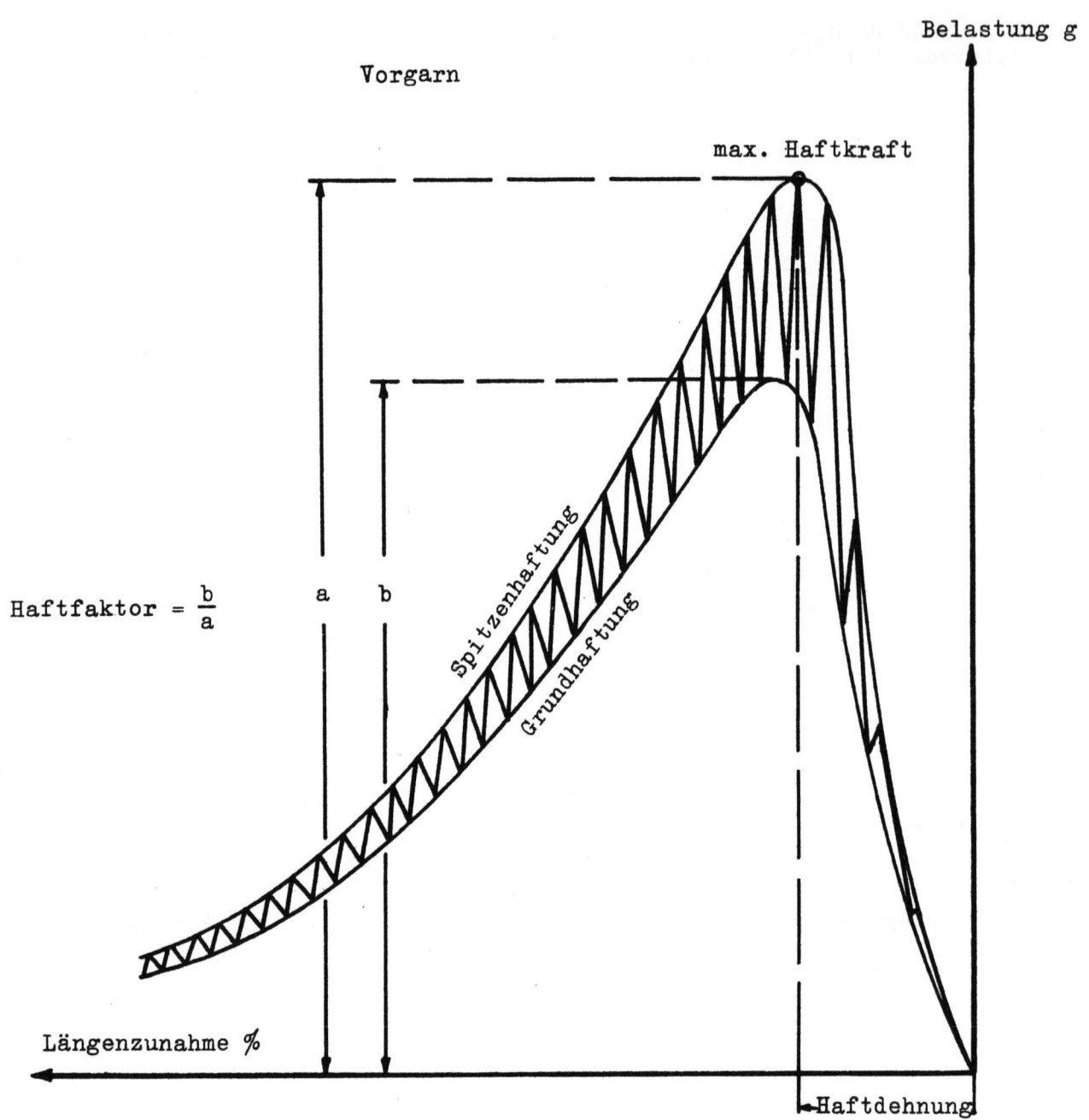

Kurvenblatt 3 (Abschnitt C 2)
Schematische Darstellung einer Haftgleitkurve für Viskosezellwolle

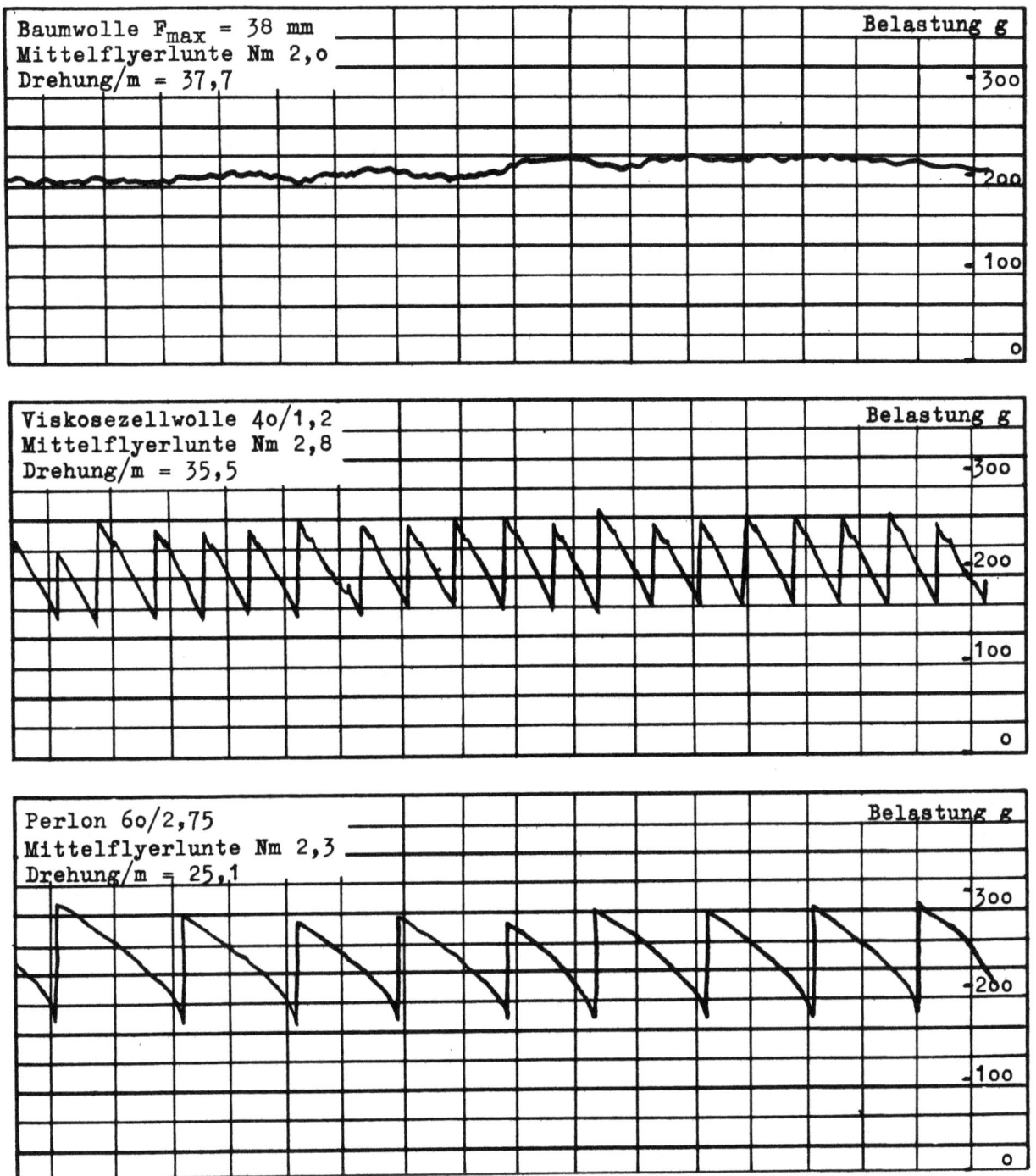

Kurvenblatt 4 (Abschnitt C 2)

Schwankungsspiel zwischen Reibung der Ruhe und Reibung der Bewegung

Abzugsgeschwindigkeit der Klemme: 0,3 mm/min. Vorspanngewicht: 50 g
Papiervorschub: 30 mm/min   Umschlingungswinkel: 180°

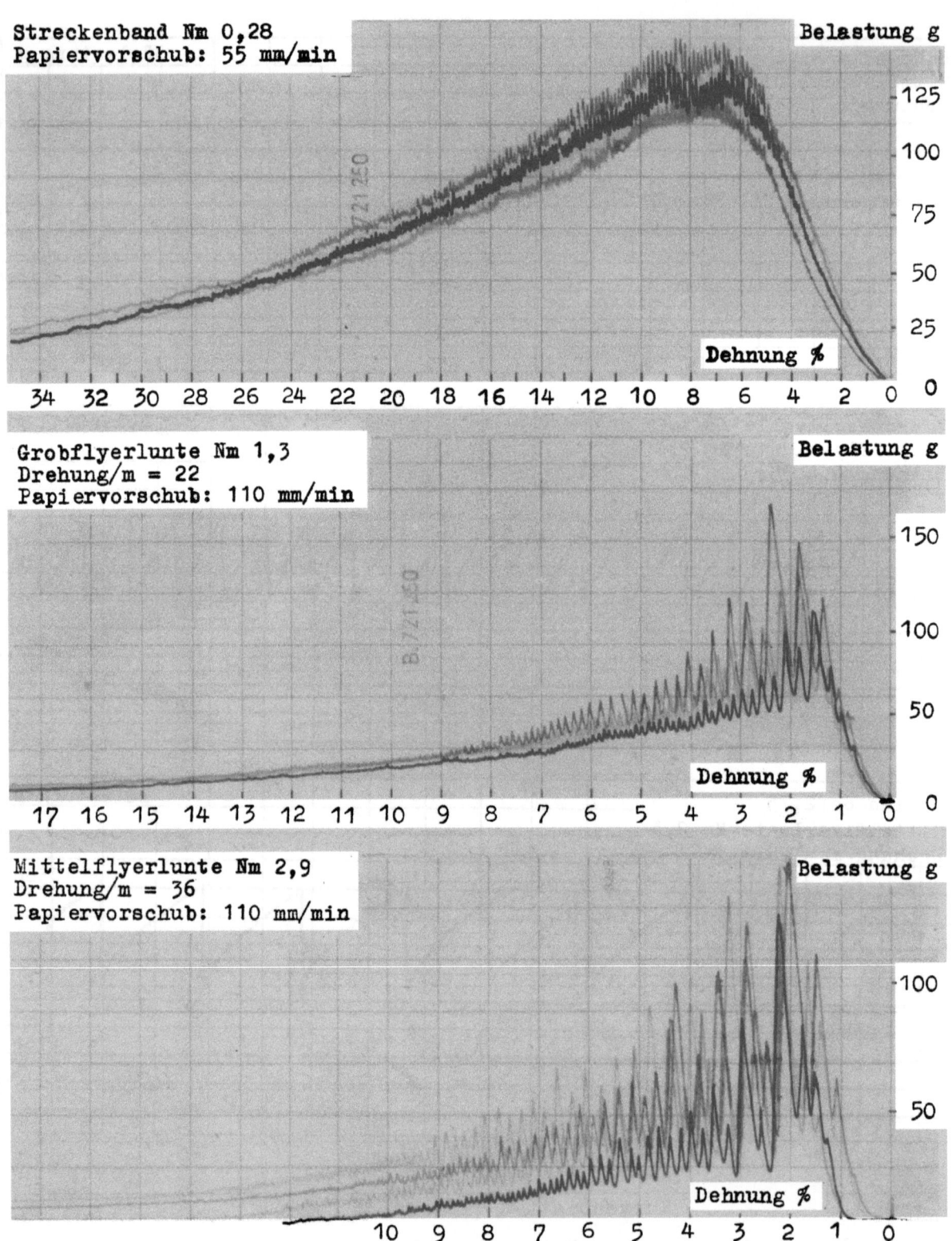

Kurvenblatt 5 (Abschnitt C 2)

Haftgleitkurven für Zellwolle

Viskosezellwolle, glänzend, 4o/1,5

Einspannlänge: 1oo mm Abzugsgeschwindigkeit der Klemme: 11 mm/min

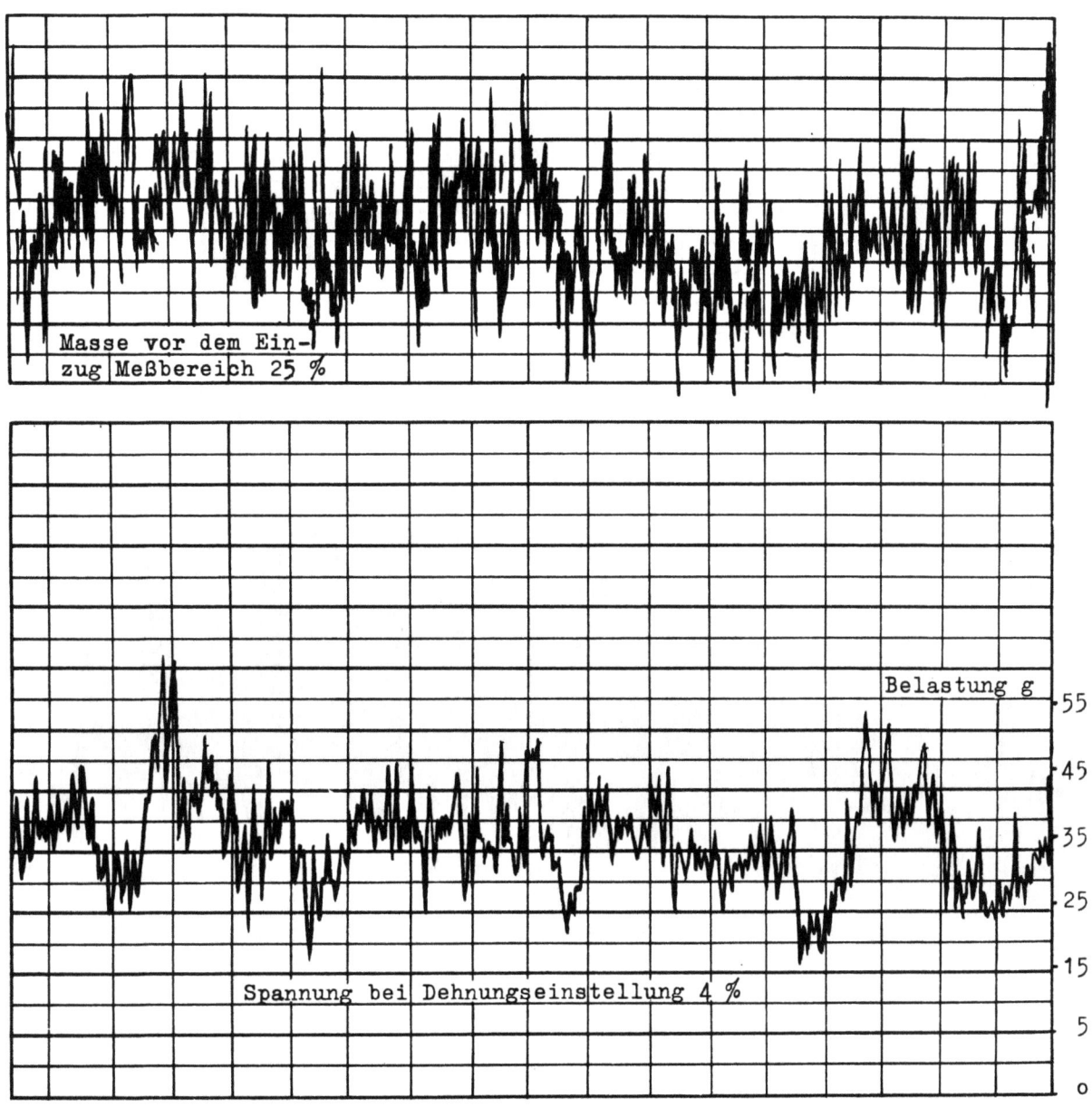

Kurvenblatt 6 (Abschnitt C 3)

Dynamische Prüfung zur Ermittlung der Haftgleiteigenschaften

Ägyptische Baumwolle F_{max} = 38 mm; Mittelflyerlunte Nm 2,0

Prüfstreckenlänge: 200 mm/min   Abzugsgeschwindigkeit: 2,5 m/min
Papiervorschub: 30 mm/min

Forschungsberichte des Wirtschafts- und Verkehrsministeriums Nordrhein-Westfalen

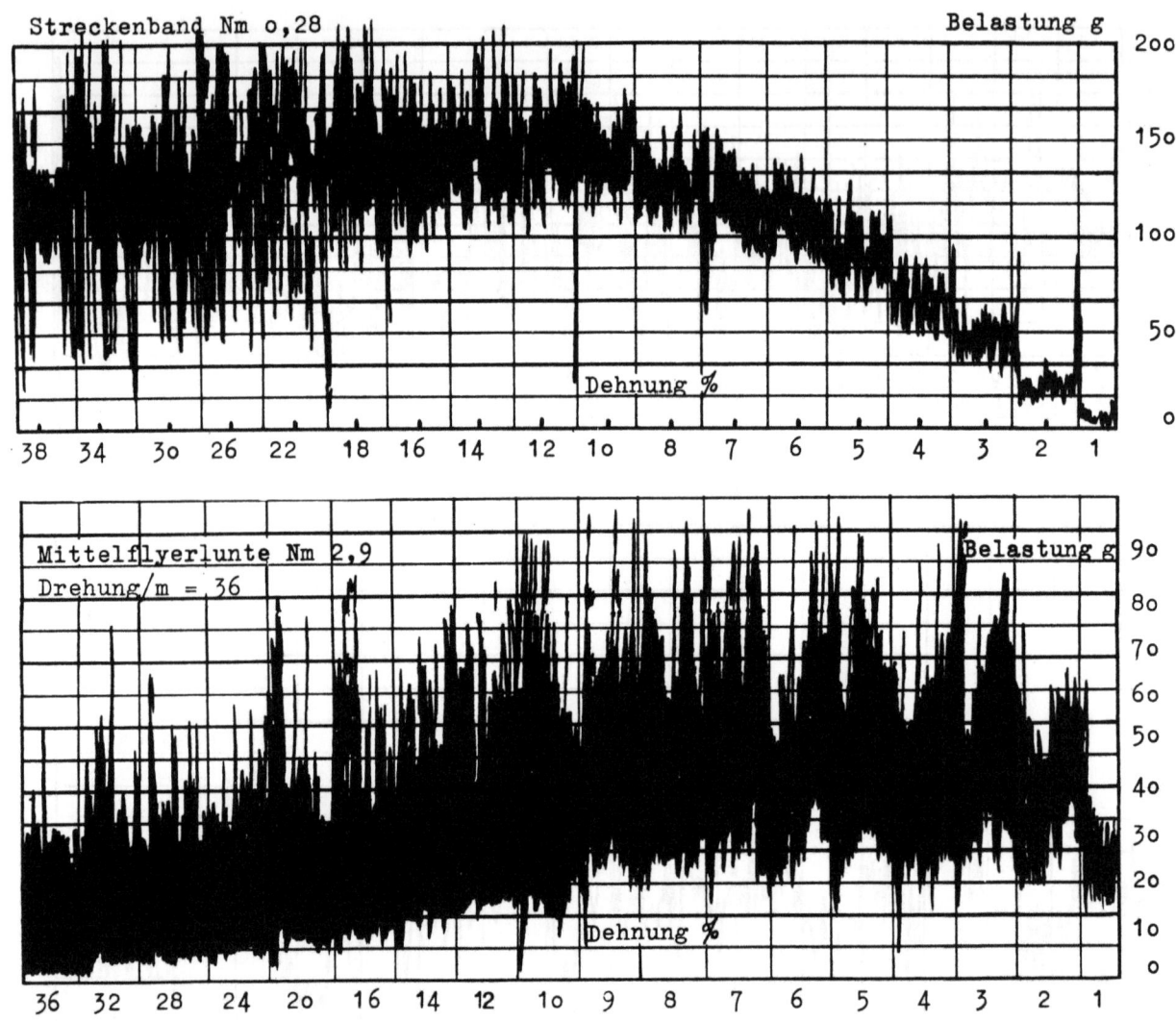

Kurvenblatt 7 (Abschnitt C 4)

Dynamische Prüfung mit in Stufen verändertem Getriebeverzug

Viskosezellwolle, glänzend, 40/1,5

Prüfstreckenlänge: 200 mm   Abzugsgeschwindigkeit: 2,5 m/min

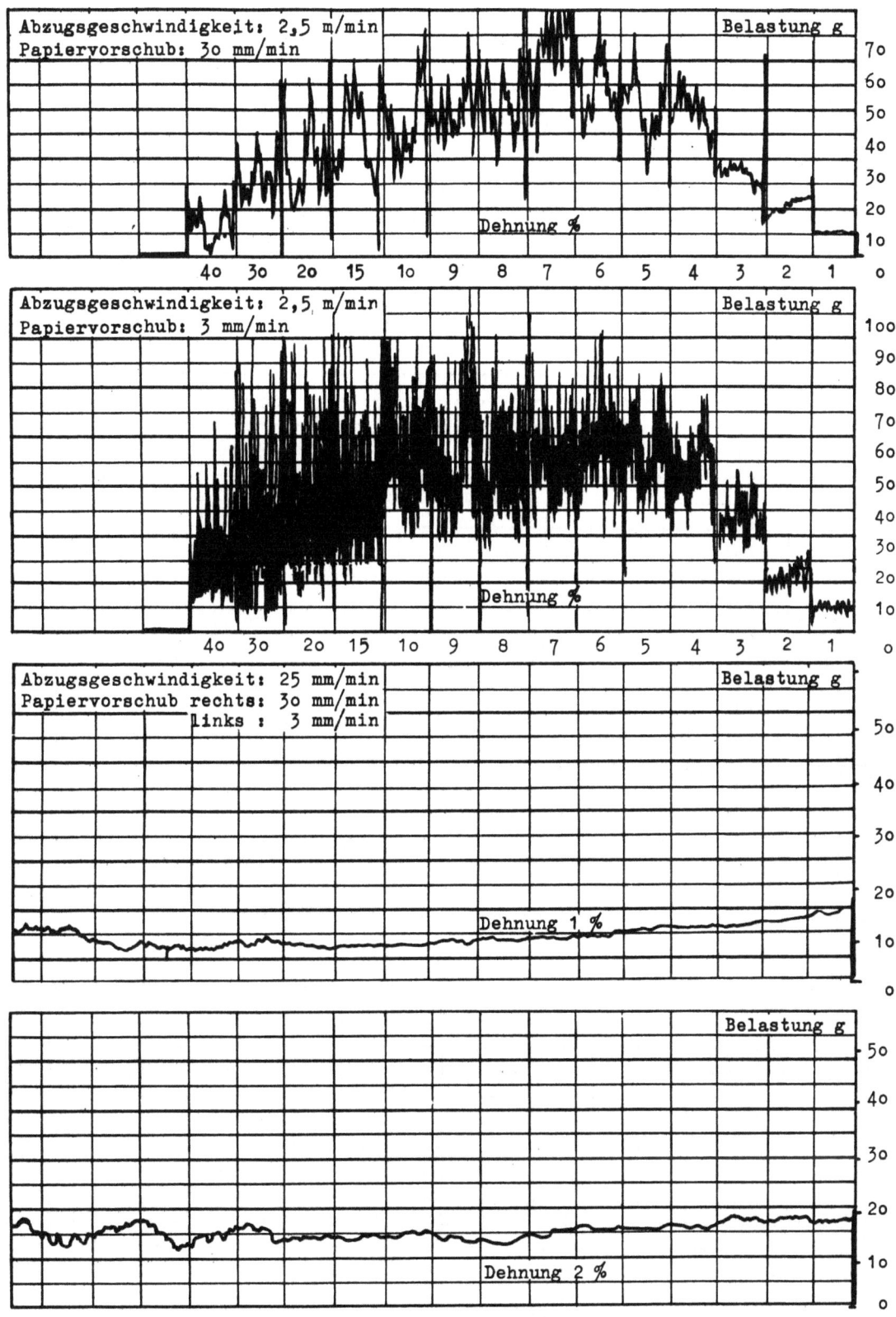

Kurvenblatt 8 (Abschnitt C 5)

Haftgleitprüfungen an Flyerlunten aus Baumwolle

Ägyptische Baumwolle F_{max} = 38 mm; Nm 2,7; Drehung/m = 45

Prüfstreckenlänge: 200 mm

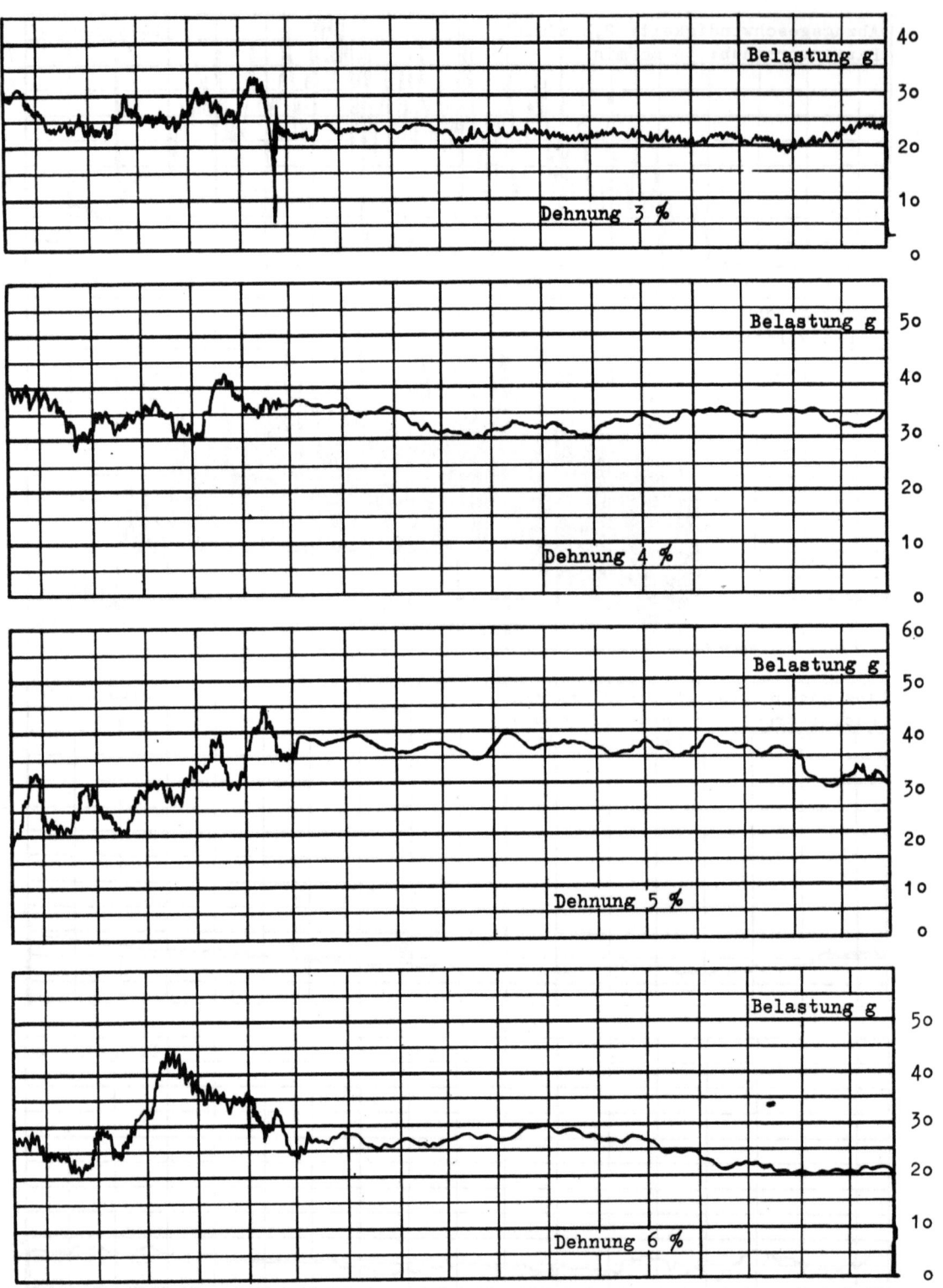

Kurvenblatt 9 (Abschnitt C 5)

Haftgleitprüfungen an Flyerlunten aus Baumwolle

Ägyptische Baumwolle F_{max} = 38 mm; Nm 2,7; Drehung/m = 45

Prüfstreckenlänge: 200 mm Abzugsgeschwindigkeit: 25 mm/min

Papiervorschub rechts: 30 mm/min; links: 3 mm/min

Forschungsberichte des Wirtschafts- und Verkehrsministeriums Nordrhein-Westfalen

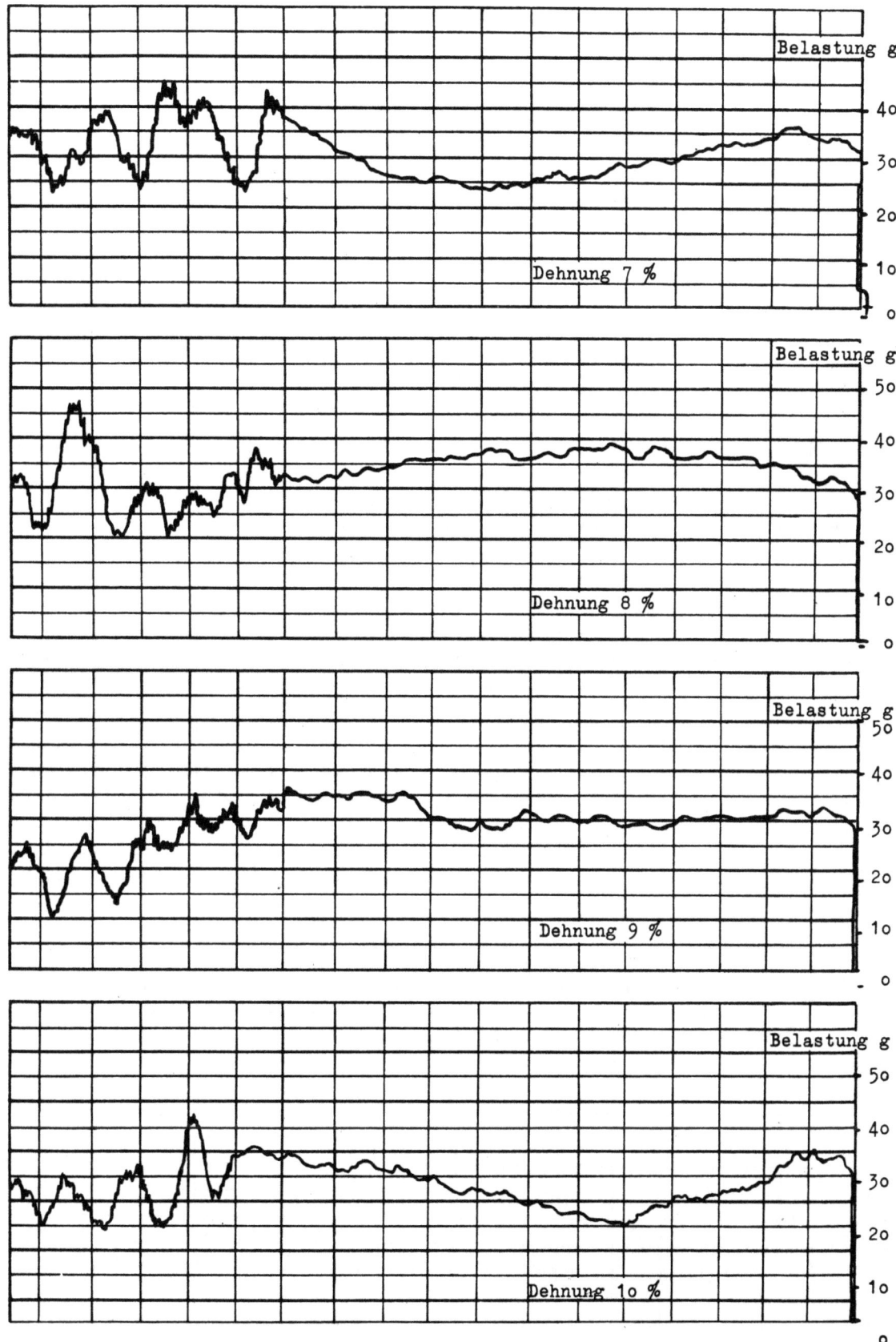

Kurvenblatt 1o (Abschnitt C 5)
Haftgleitprüfungen an Flyerlunten aus Baumwolle (Fortsetzung)

Forschungsberichte des Wirtschafts- und Verkehrsministeriums Nordrhein-Westfalen

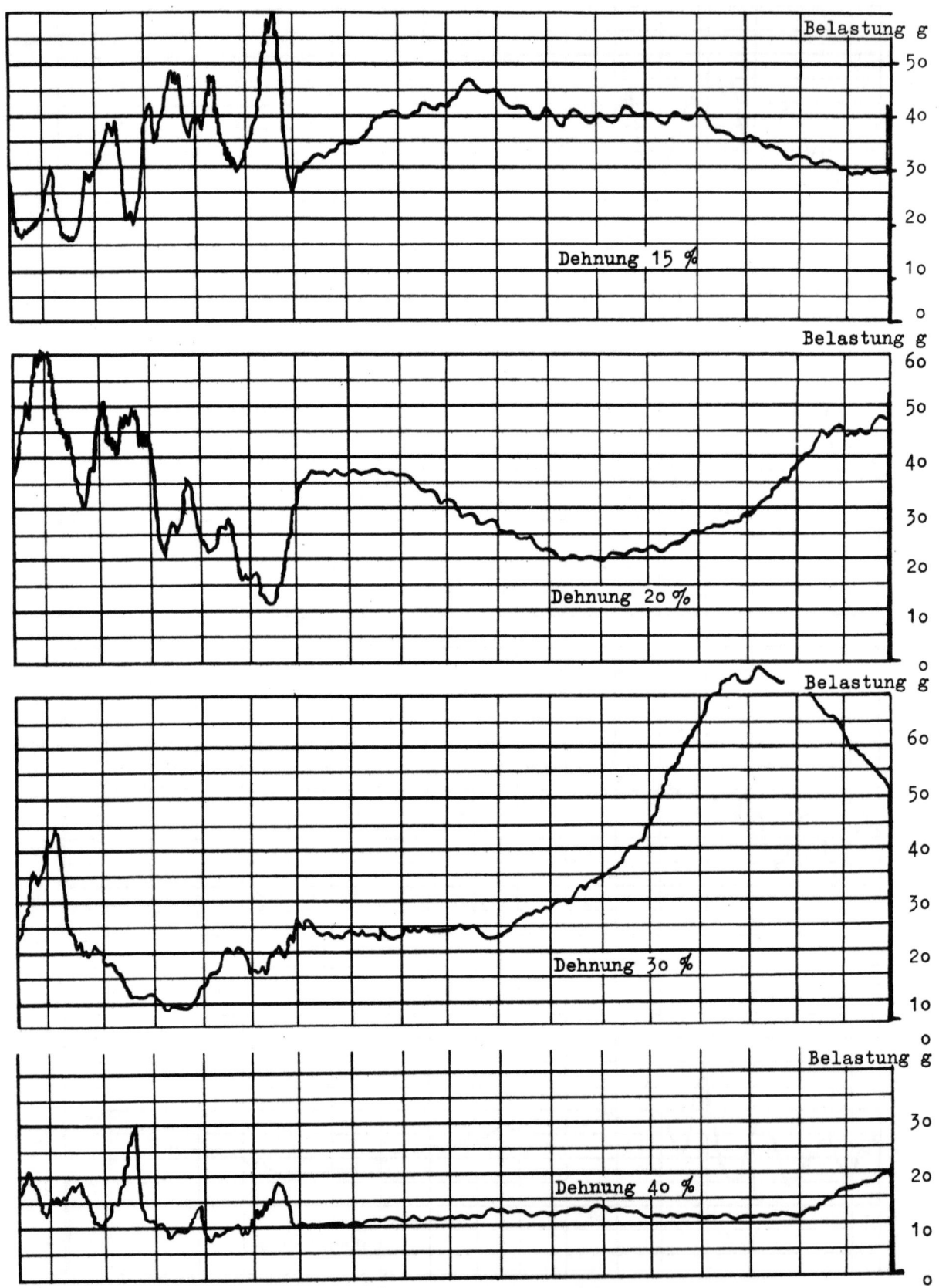

Kurvenblatt 11 (Abschnitt C 5)
Haftgleitprüfungen an Flyerlunten aus Baumwolle (Fortsetzung)

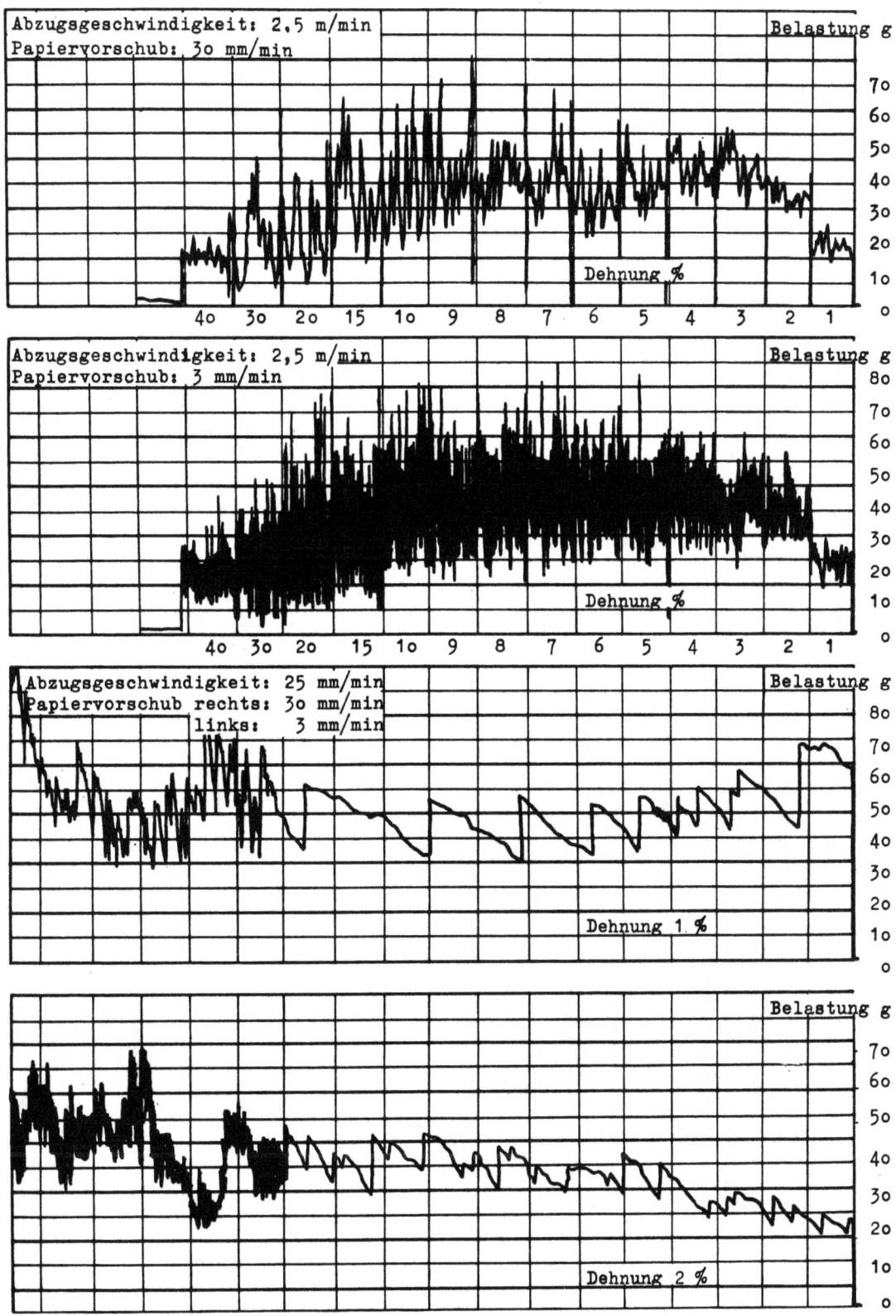

Kurvenblatt 12 (Abschnitt C 6)

Haftgleitprüfungen an Flyerlunten aus Zellwolle

Viskosezellwolle, glänzend, 4o/1,5; Nm 2,9; Drehung/m = 36
Prüfstreckenlänge 2oo mm

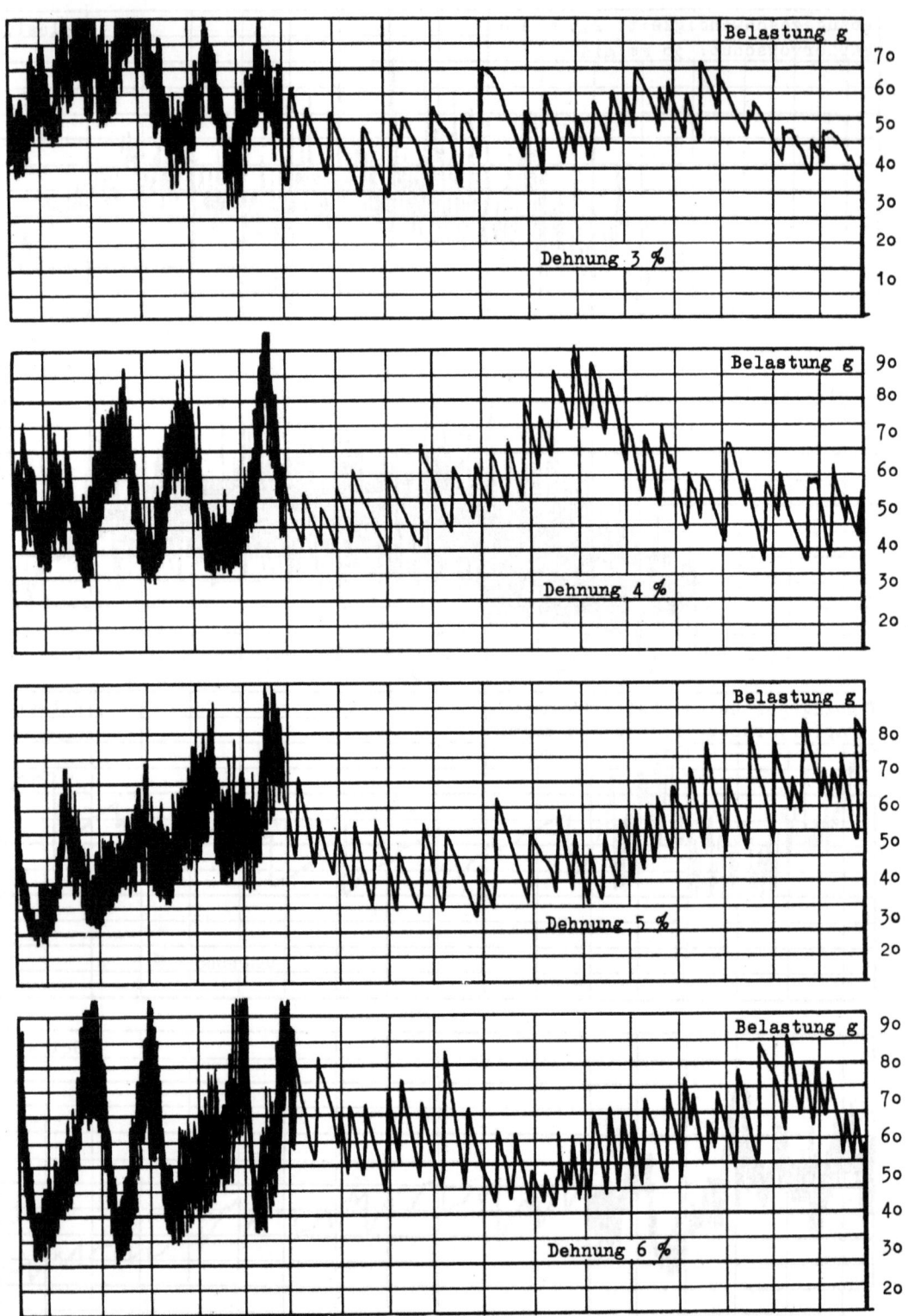

Kurvenblatt 13 (Abschnitt C 6)

Haftgleitprüfungen an Flyerlunten aus Zellwolle

Viskosezellwolle, glänzend, 4o/1,5; Nm 2,9 ; Drehung/m = 36

Prüfstreckenlänge: 2oo mm; Abzugsgeschwindigkeit: 25 mm/min
Papiervorschub rechts: 3o mm/min; links 3 mm/min

Forschungsberichte des Wirtschafts- und Verkehrsministeriums Nordrhein-Westfalen

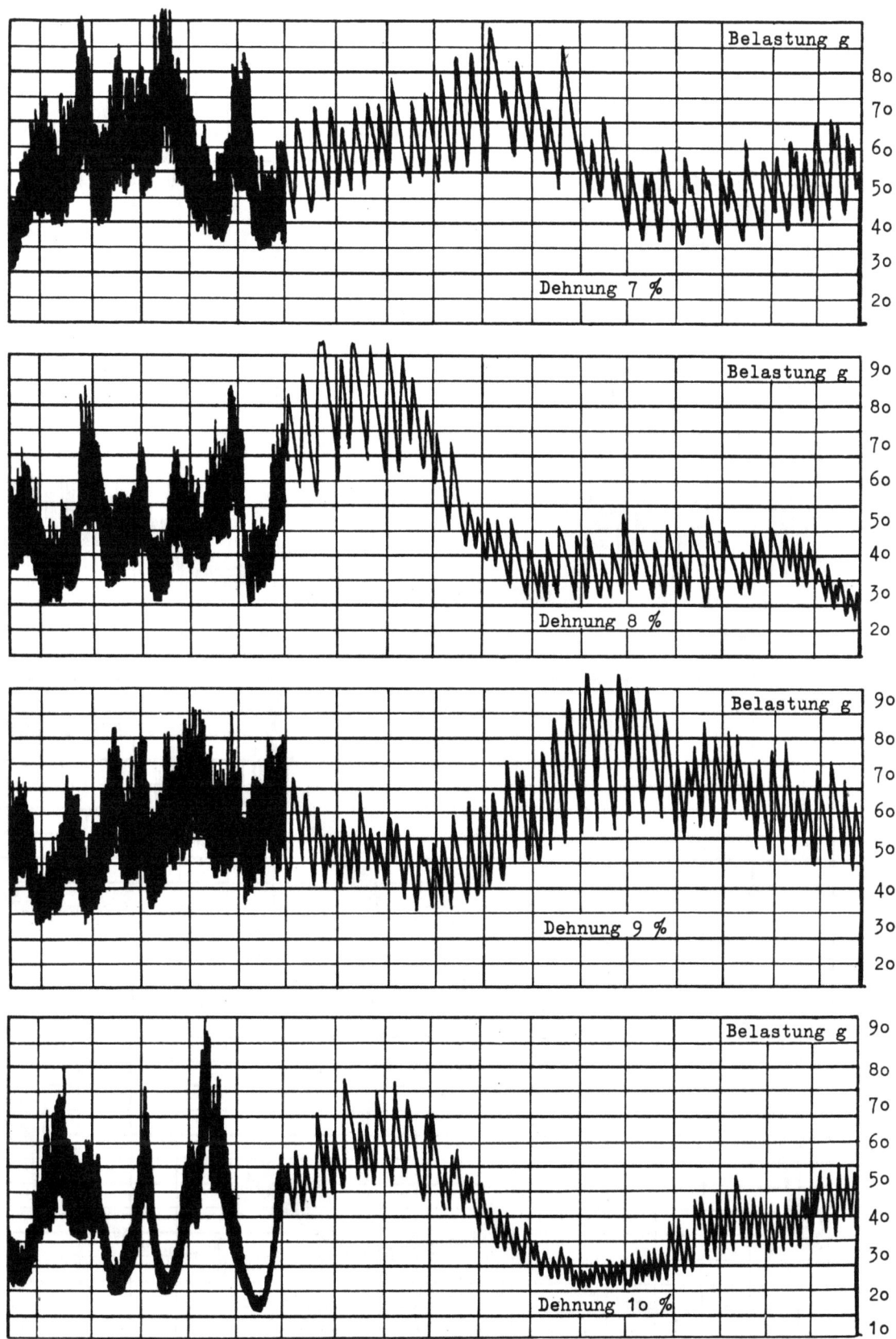

Kurvenblatt 14 (Abschnitt C 6)
Haftgleitprüfungen an Flyerlunten aus Zellwolle (Fortsetzung)

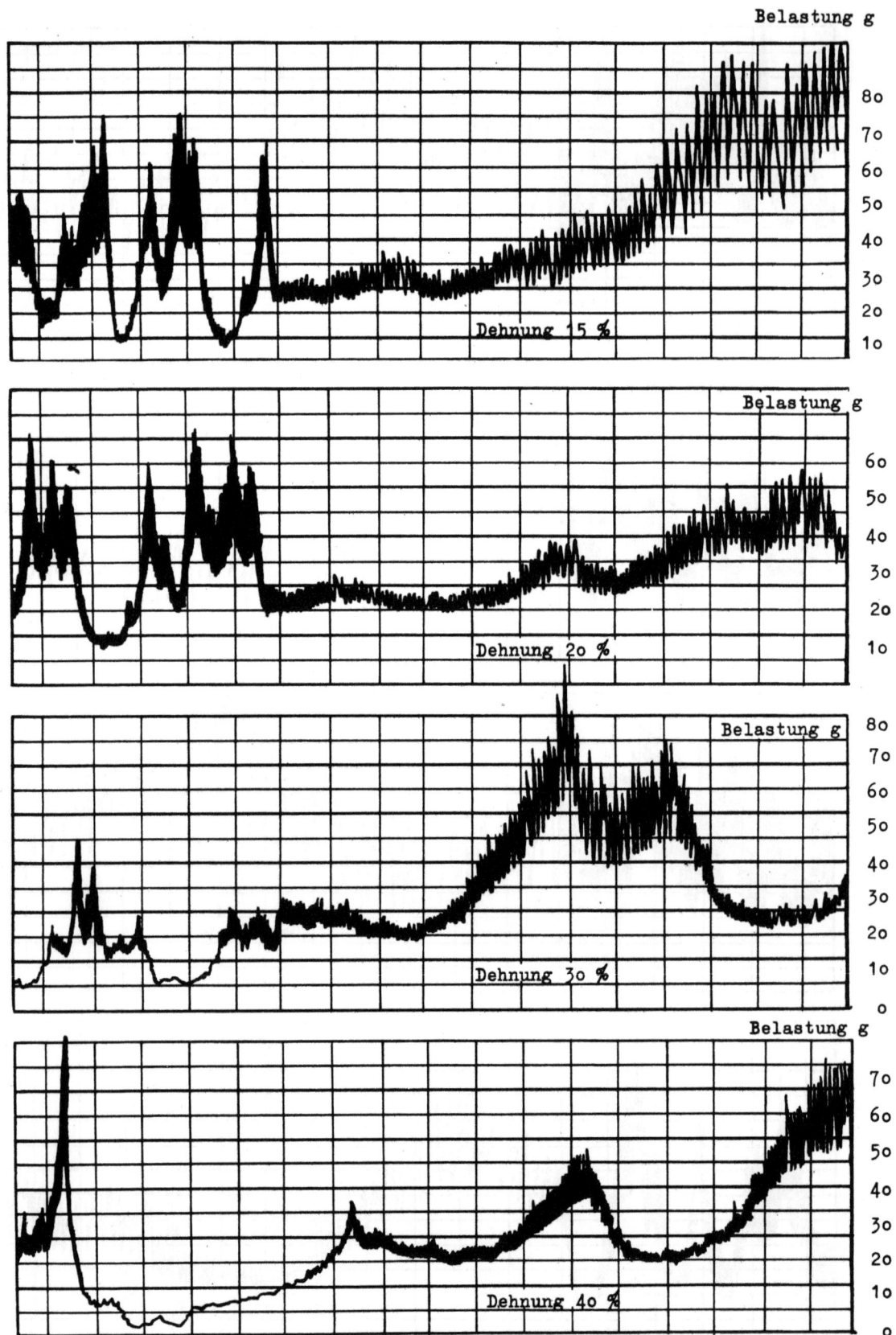

Kurvenblatt 15 (Abschnitt C 6)

Haftgleitprüfungen an Flyerlunten aus Zellwolle (Fortsetzung)

Forschungsberichte des Wirtschafts- und Verkehrsministeriums Nordrhein-Westfalen

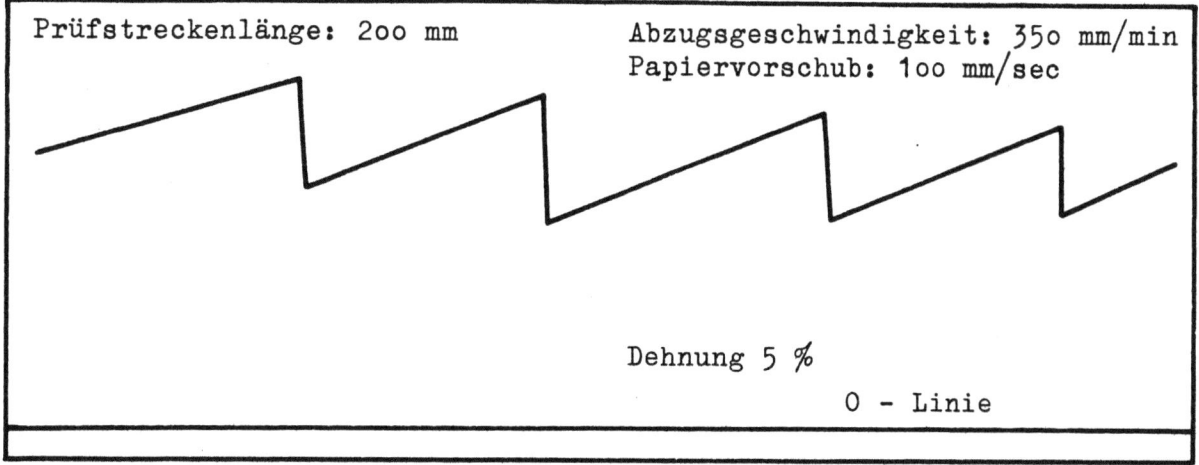

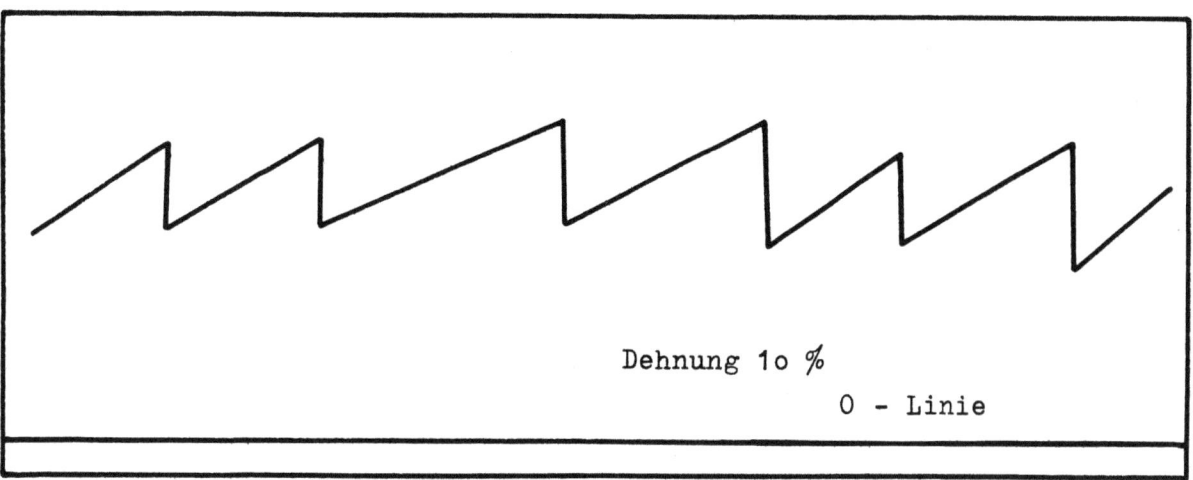

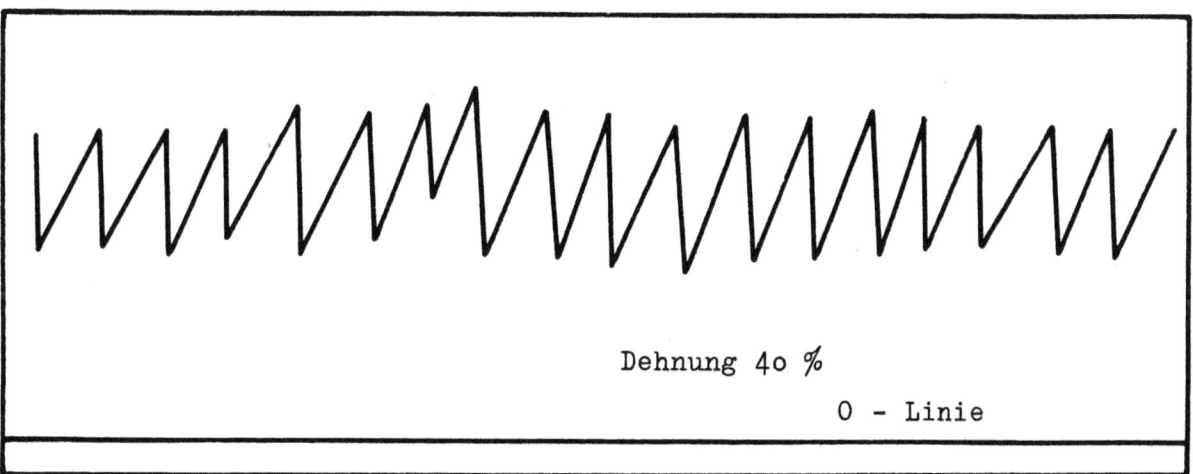

Kurvenblatt 16 (Abschnitt C 6)
Aufnahme der Haftgleitvorgänge mit dem Lichtpunktschreiber
Material: Viskosezellwolle, glänzend 40/1,5; Nm 2,7; Drehung/m 45

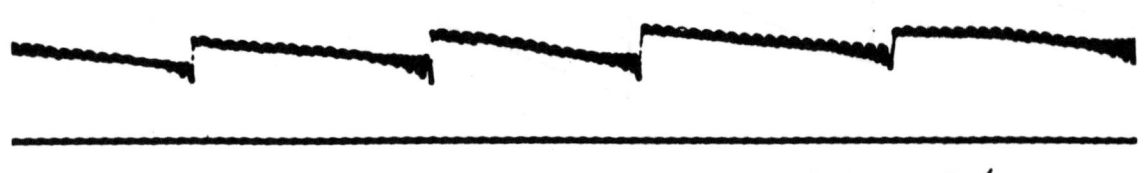

Dehnung 5 %

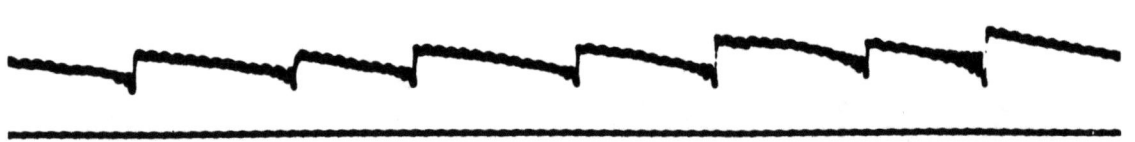

Dehnung 1o %

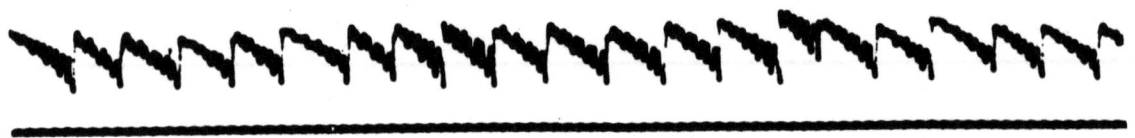

Dehnung 4o %

Kurvenblatt 17 (Abschnitt C 6)

Aufnahme der Haftgleitvorgänge mit dem Oszillographen

Viskosezellwolle, glänzend, 4o/1,5; Nm 2,7; Drehung/m = 45
Prüfstreckenlänge: 2oo mm; Abzugsgeschwindigkeit: 35o mm/min
Papiervorschub: 1oo mm/sec

Forschungsberichte des Wirtschafts- und Verkehrsministeriums Nordrhein-Westfalen

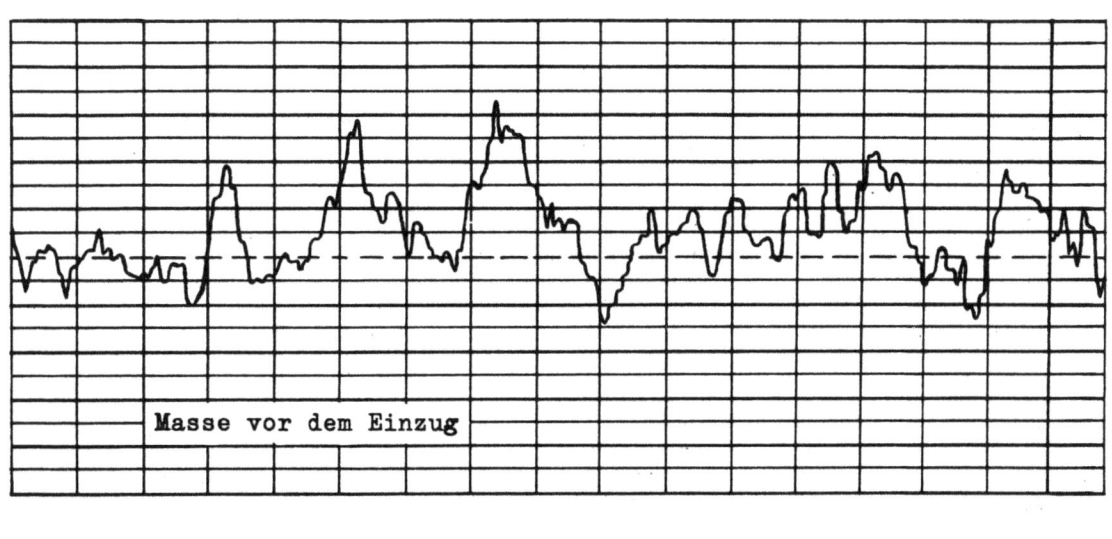

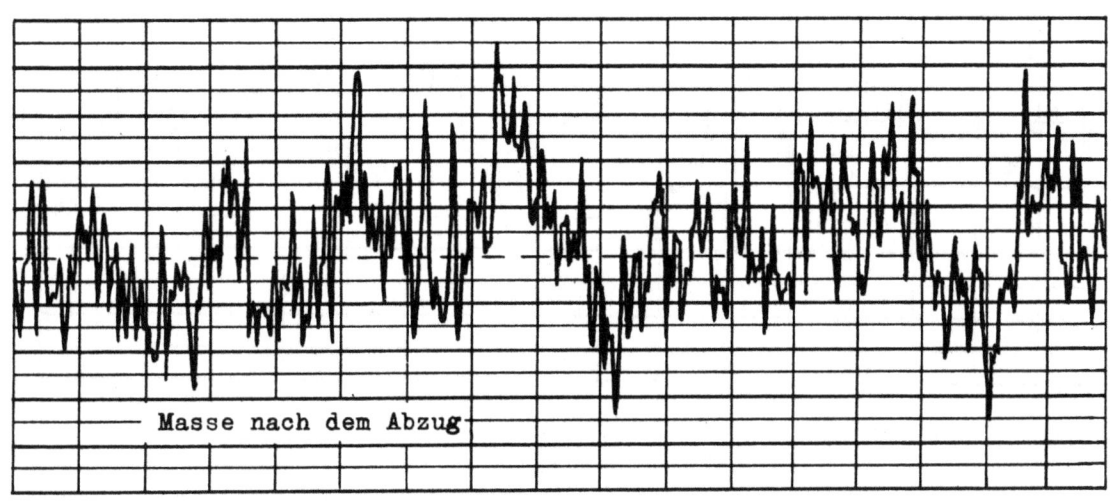

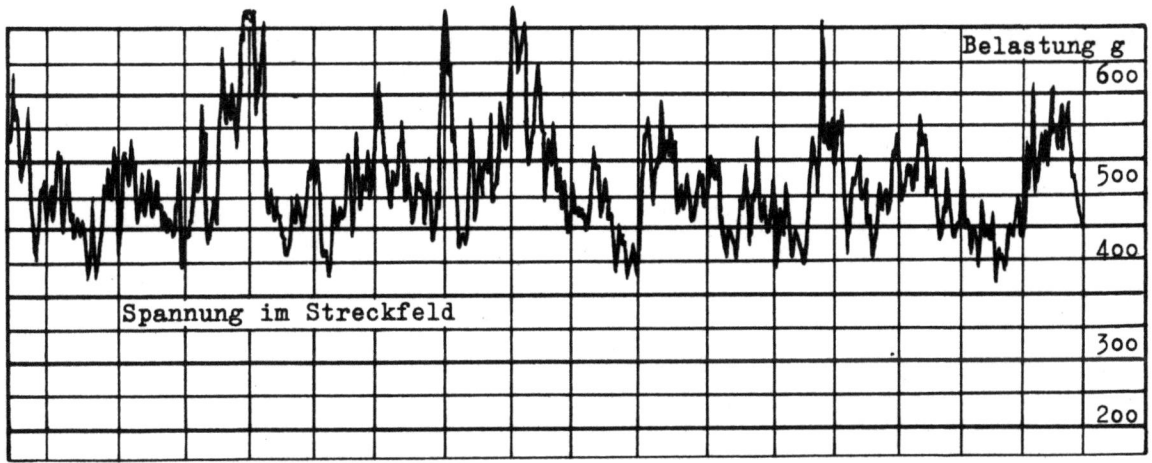

Kurvenblatt 18 (Abschnitt C 7)

Ausbildung der Verzugswelle im Streckfeld

Material: Zellwolle Nm 0,20, Abzugsgeschwindigkeit: 180 cm/min
Streckenband   Papiervorschub: 30 mm/min
Stapellänge: 40 mm   Meßbereich: 25 %
Verzug: 4-fach
Streckfeldweite: 43 mm

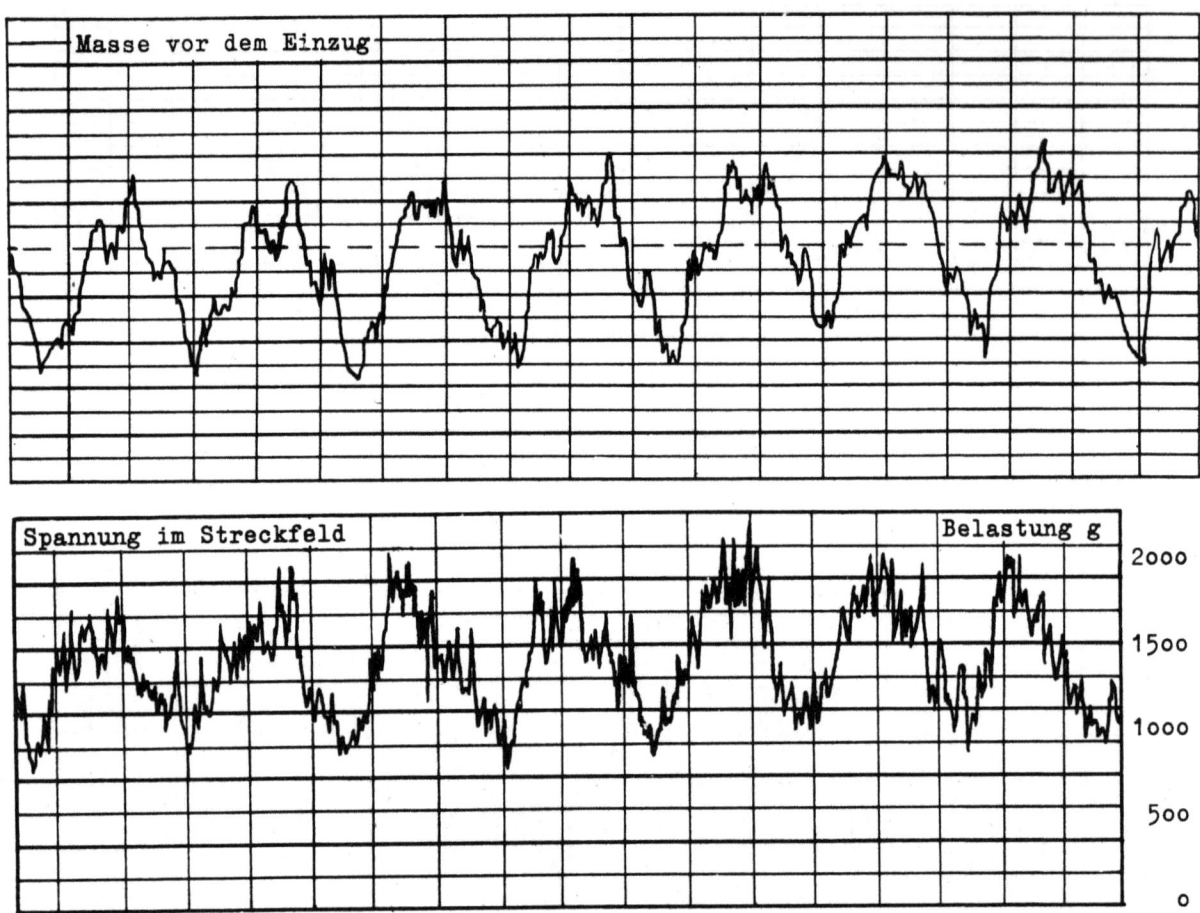

Kurvenblatt 19 (Abschnitt C 7)

Verzugskraft im Streckfeld bei periodischen Masseschwankungen

Material: Zellwolle, Kardenband Nm o,2o, Stapellänge: 4o mm
Verzug: 2-fach Streckfeldweite: 43 mm
Papiervorschub: 3 mm/min
Meßbereich: 5o %

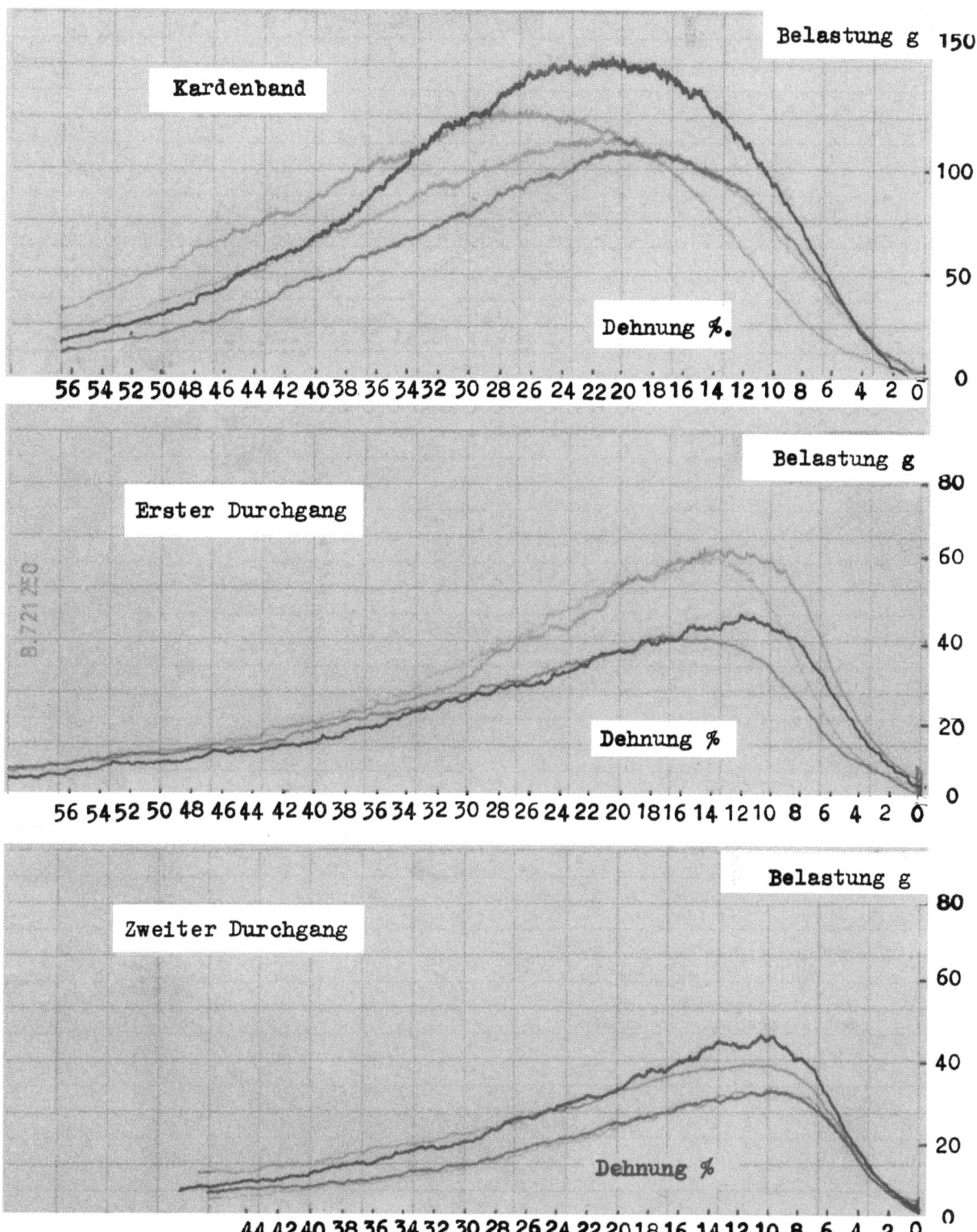

Kurvenblatt 2o (Abschnitt D 1)

Haftgleitcharakteristiken bei mehrfach verzogenem Material

Material: Zellwolle 6o/2,2   Abzugsgeschwindigkeit: 23 mm/min
Kardenband Nm o,3o   Papiervorschub: 46 mm/min
Einspannlänge: 15o mm

Forschungsberichte des Wirtschafts- und Verkehrsministeriums Nordrhein-Westfalen

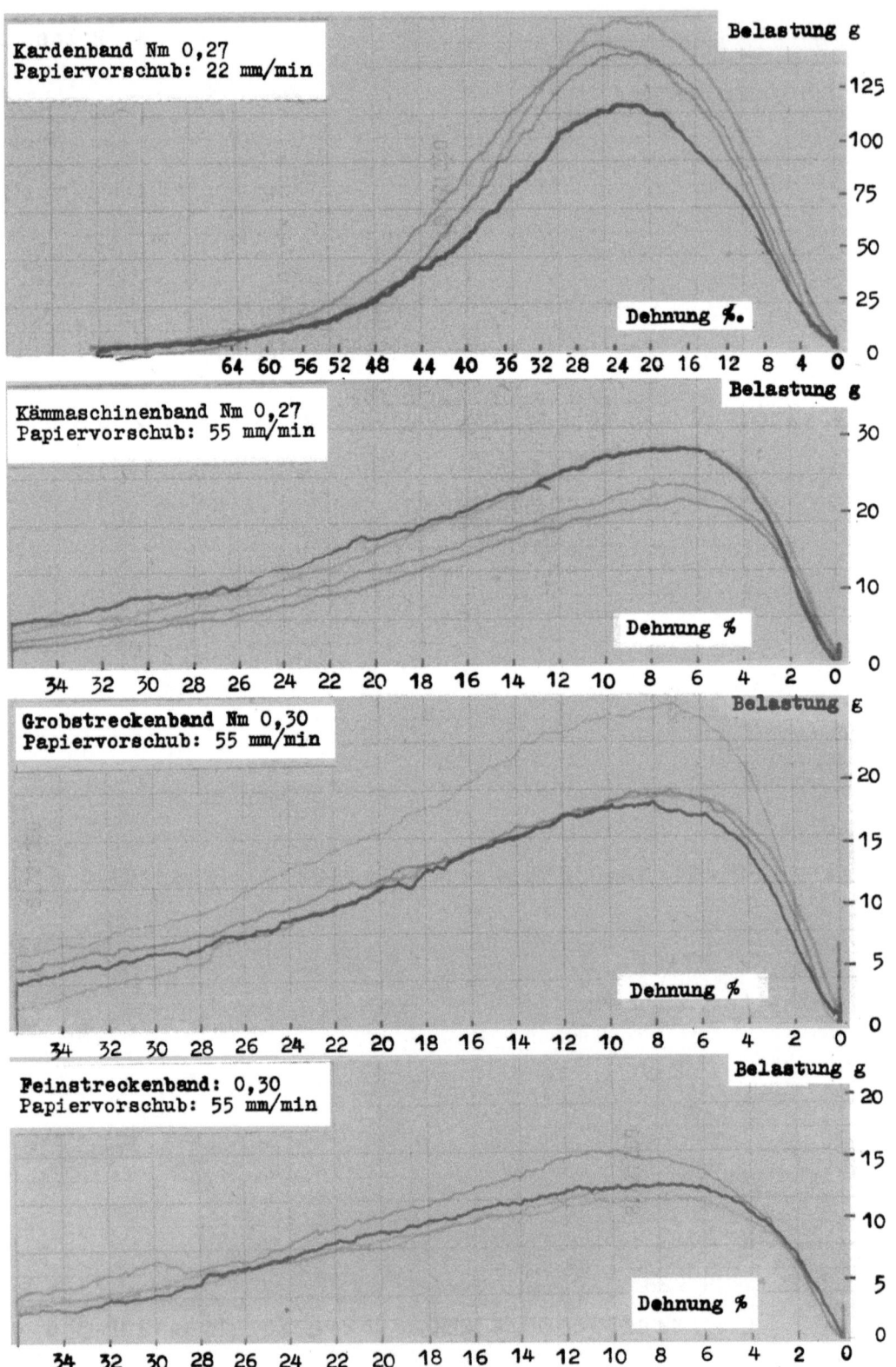

Kurvenblatt 21 (Abschnitt D 1)

Haftgleitcharakteristiken für Baumwolle vom Kardenband
bis zur Feinflyerlunte

Material: Baumwolle F_{max} = 38 mm   Abzugsgeschwindigkeit: 11 mm/min
Einspannlänge: 100 mm

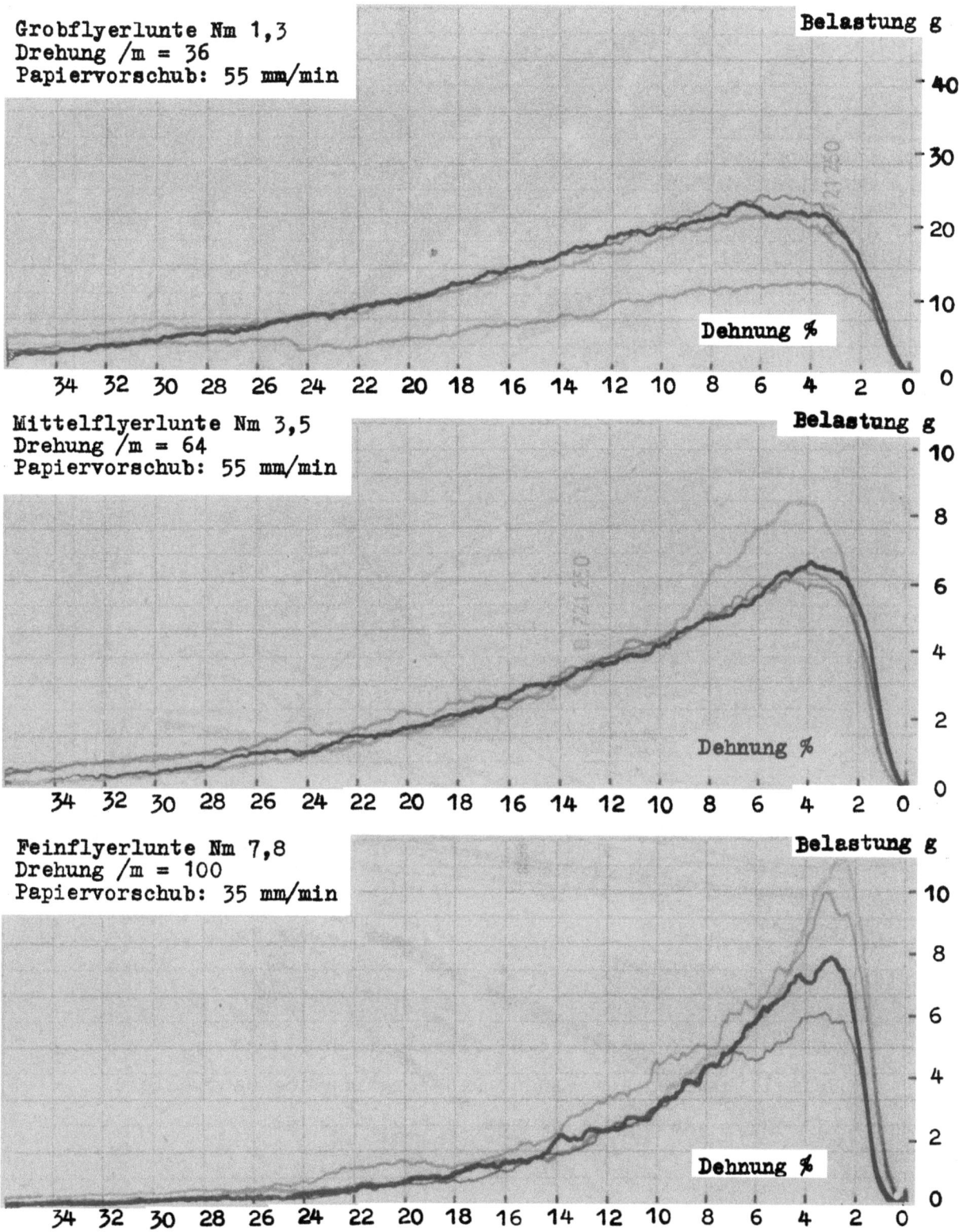

Kurvenblatt 22 (Abschnitt D 1)

Haftgleitcharakteristiken für Baumwolle vom Kardenband

bis zur Feinflyerlunte (Fortsetzung)

Material: Baumwolle F_{max} = 38 mm

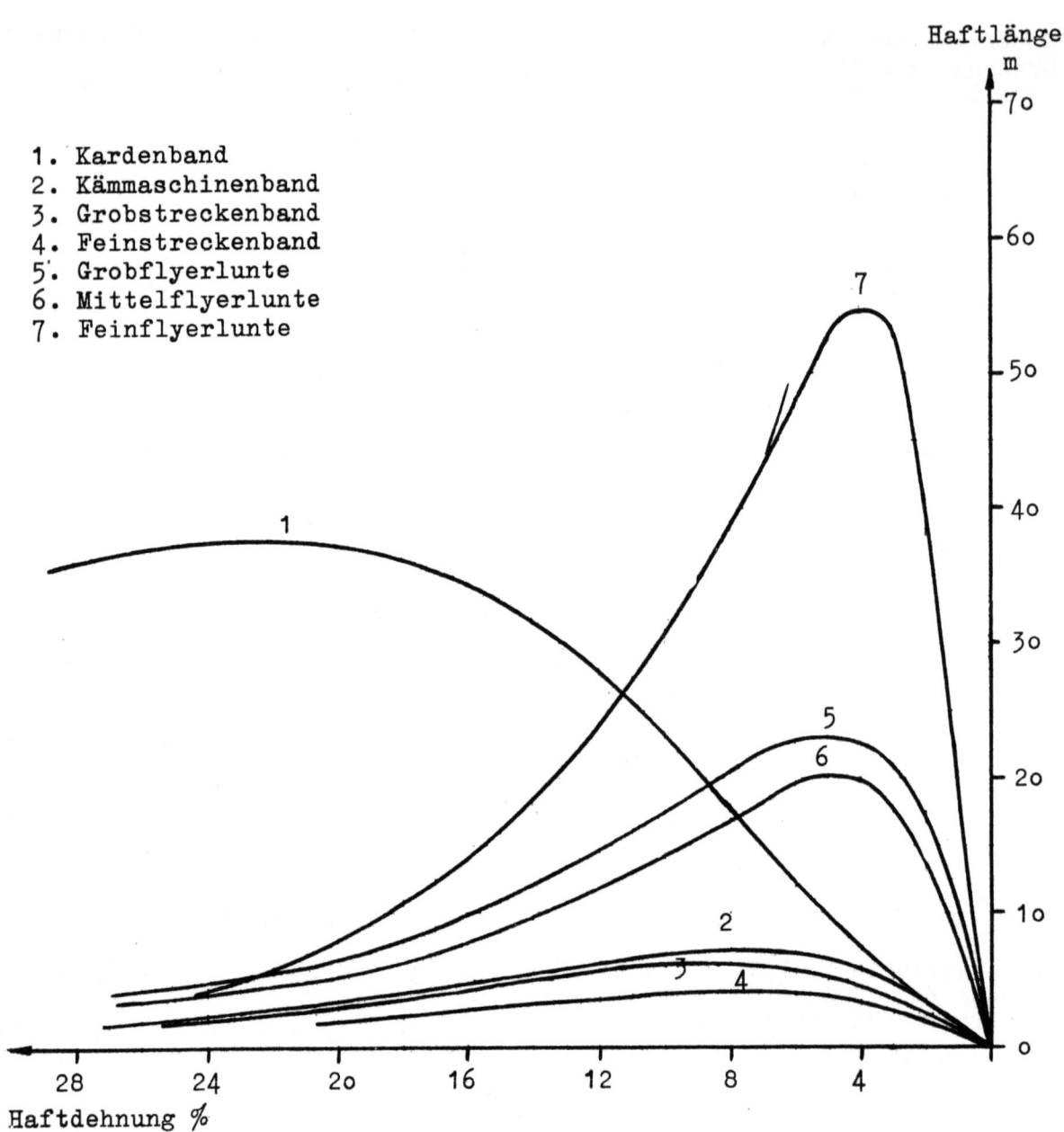

Kurvenblatt 23 (Abschnitt D 1)

Haftgleitkurven für Bänder und Vorgarne aus Baumwolle

Material: Baumwolle F_{max} = 30 mm

Forschungsberichte des Wirtschafts- und Verkehrsministeriums Nordrhein-Westfalen

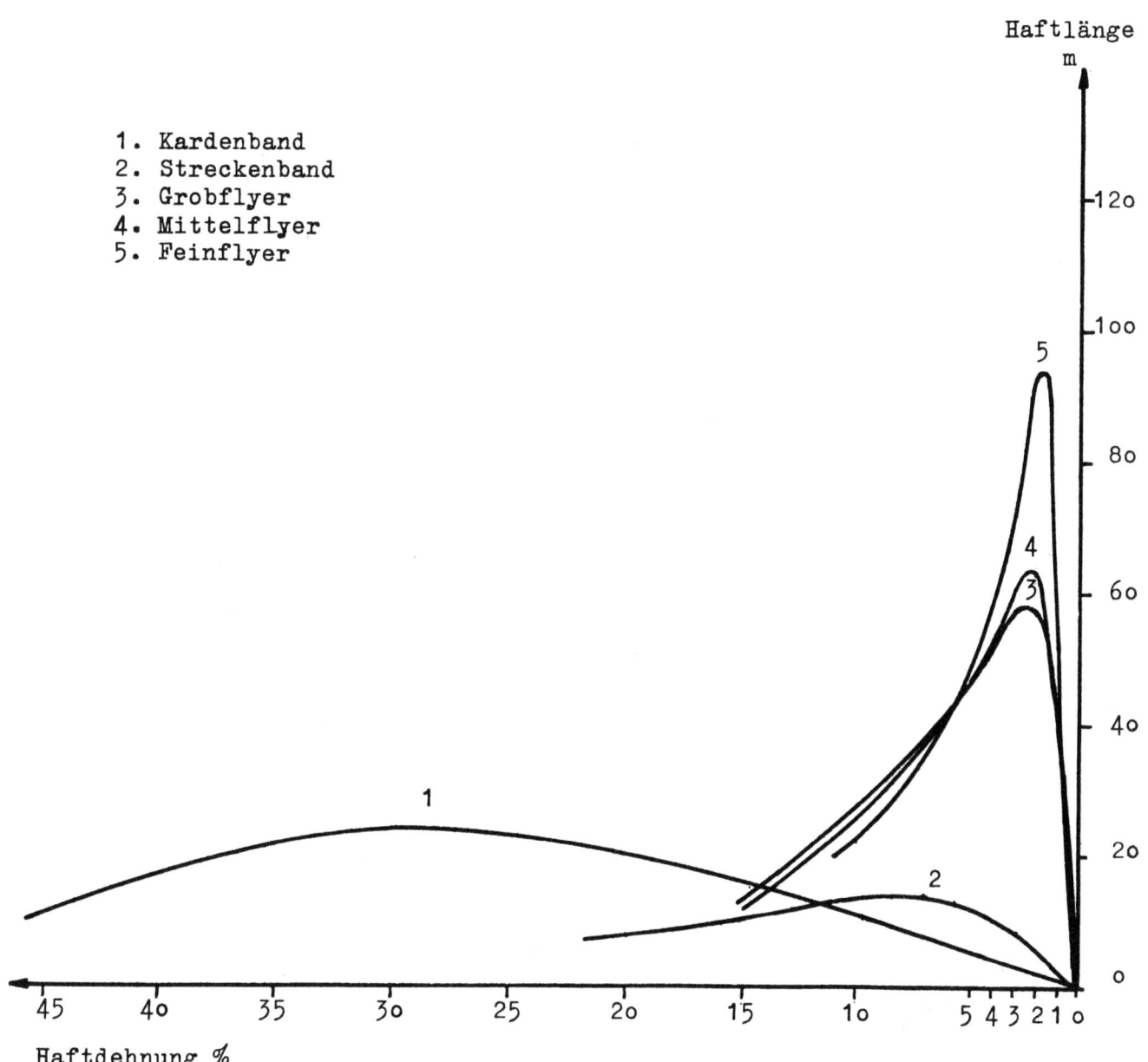

Kurvenblatt 24 (Abschnitt D 1)
Haftgleitkurven für Bänder und Vorgarne aus Zellwolle
Material: Viskosezellwolle 40/1,5

Forschungsberichte des Wirtschafts- und Verkehrsministeriums Nordrhein-Westfalen

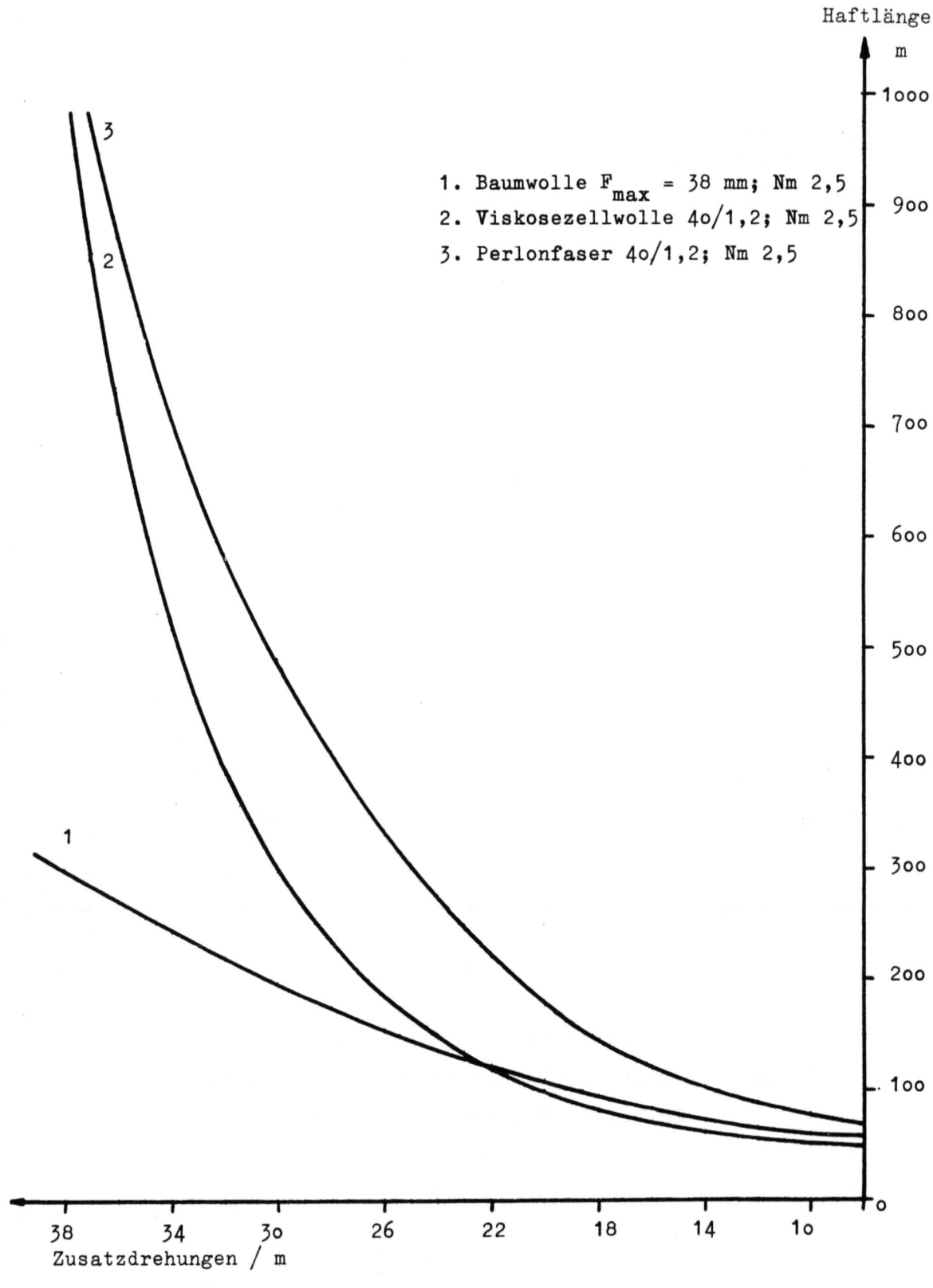

Kurvenblatt 25 (Abschnitt D 2)
Beeinflussung der Haftlänge durch Drallgabe

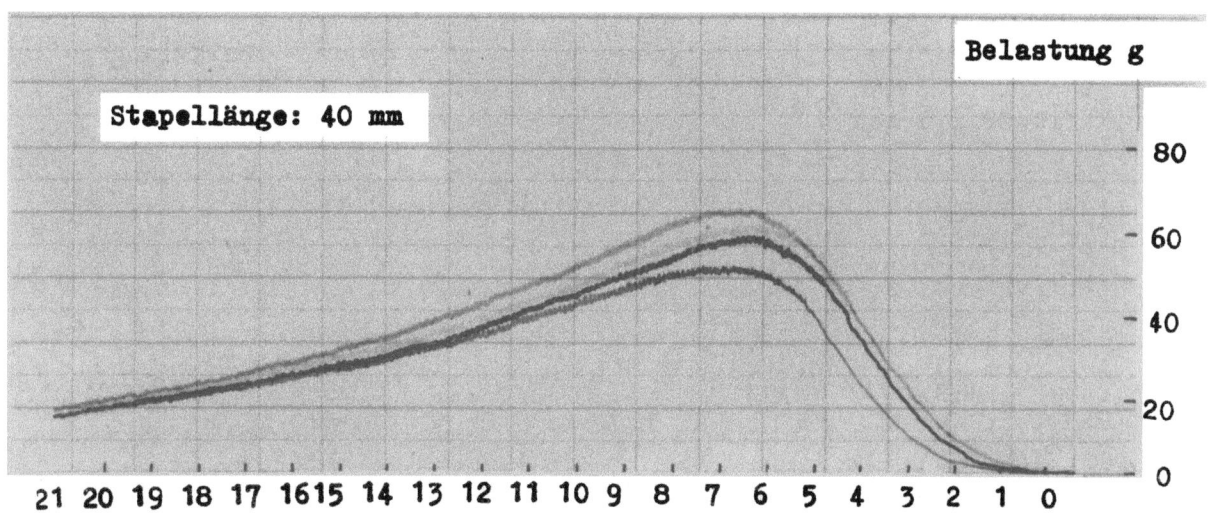

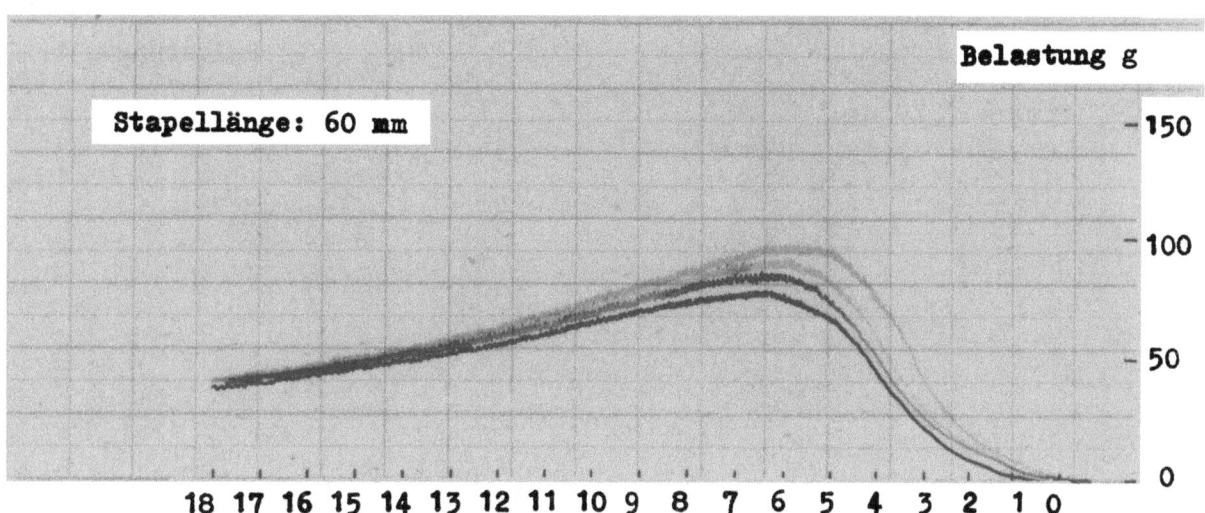

Kurvenblatt 26 (Abschnitt D 3)

Einfluß der Stapellänge

Material: Viskosezellwolle,   Abzugsgeschwindigkeit: 11 mm/min
tiefmatt, Titer 1,5   Papiervorschub: 55 mm/min
Streckenband Nm 0,30
Einspannlänge: 150 mm

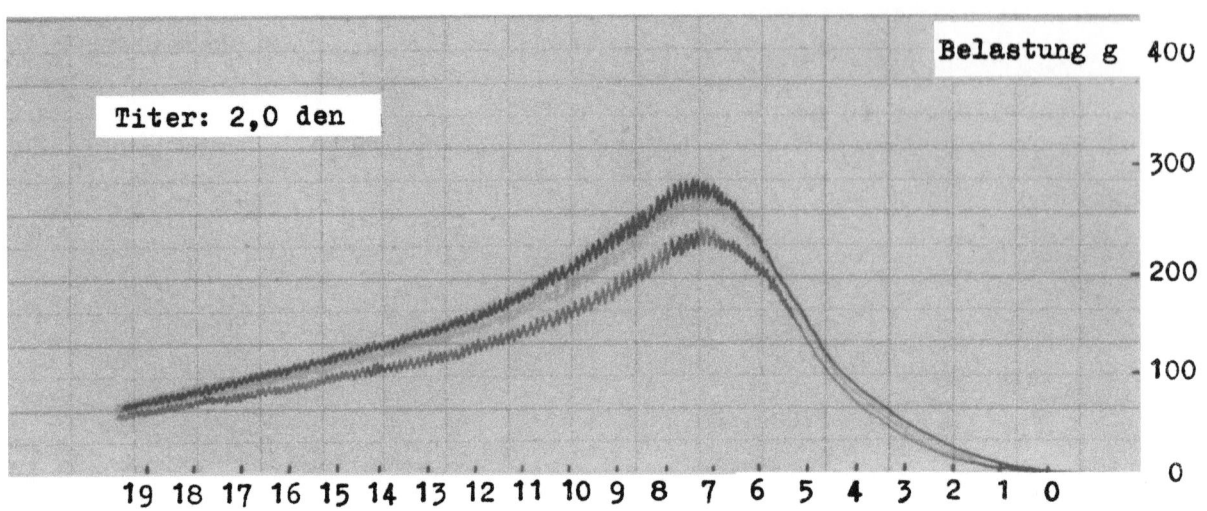

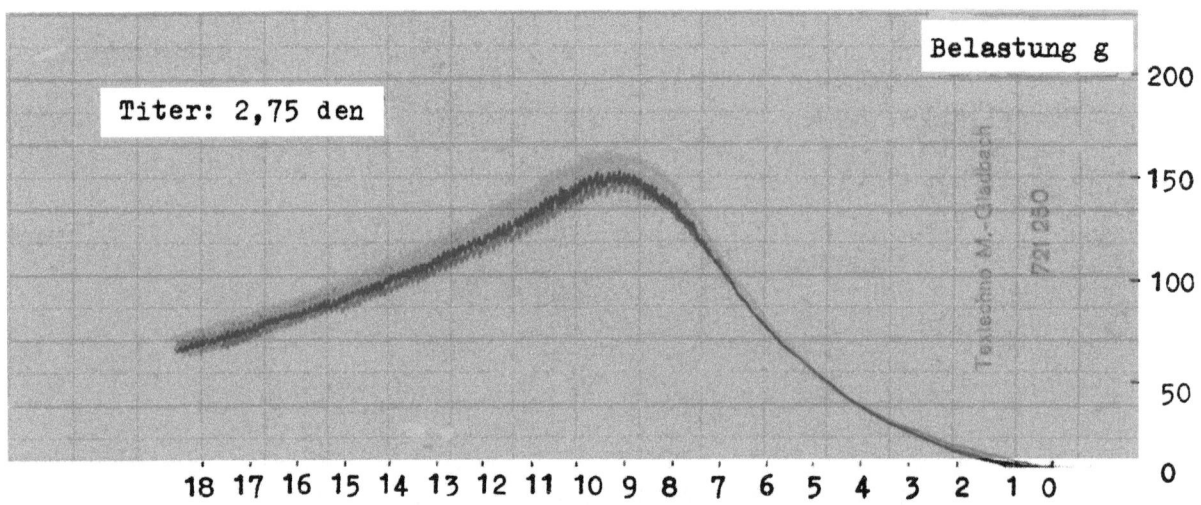

Kurvenblatt 27 (Abschnitt D 4)

Auswirkung des Einzelfasertiters

Material: Perlonfaser, Abzugsgeschwindigkeit: 11 mm/min
　　Stapellänge: 6o mm　Papiervorschub: 55 mm/min
　　Streckenband Nm o,2o
Einspannlänge: 15o mm

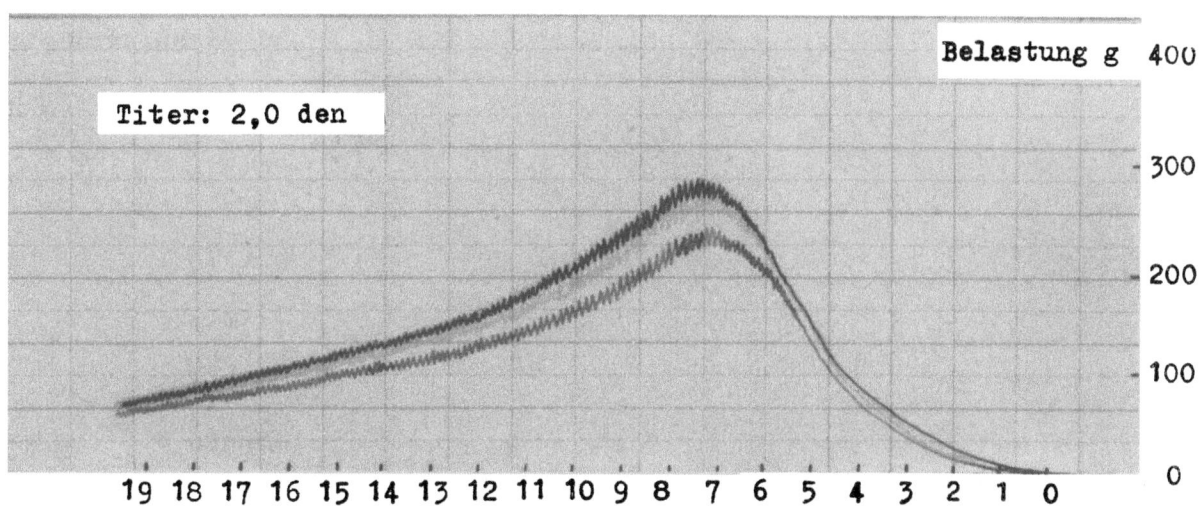

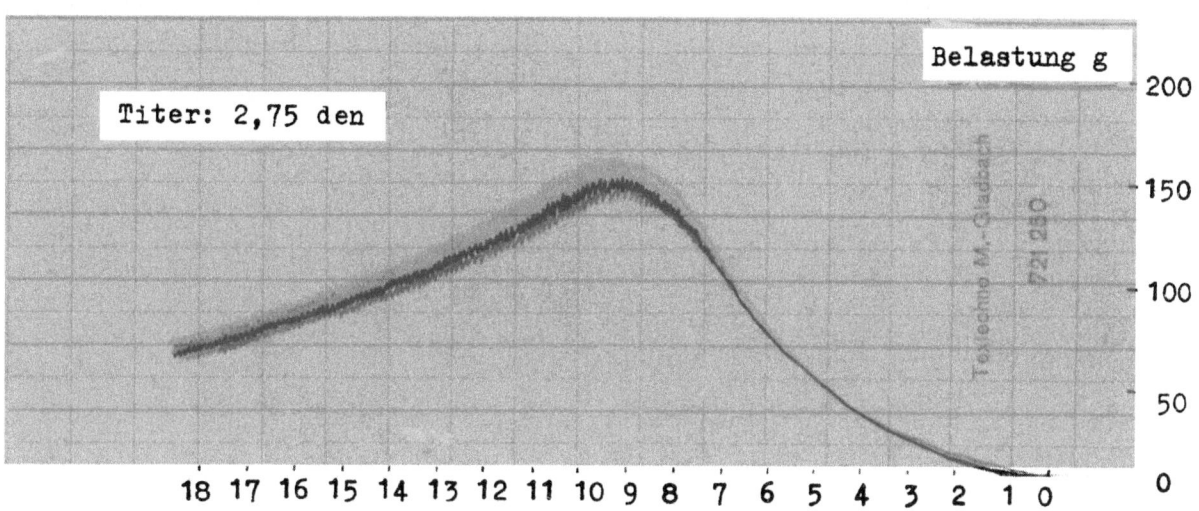

Kurvenblatt 28 (Abschnitt D 5)

Abhängigkeit von der Oberflächenbeschaffenheit

Material: Viskosezellwolle 40/1,5   Abzugsgeschwindigkeit: 11 mm/min
         Streckenband Nm 0,32   Papiervorschub: 55 mm/min
Einspannlänge: 150 mm

Forschungsberichte des Wirtschafts- und Verkehrsministeriums Nordrhein-Westfalen

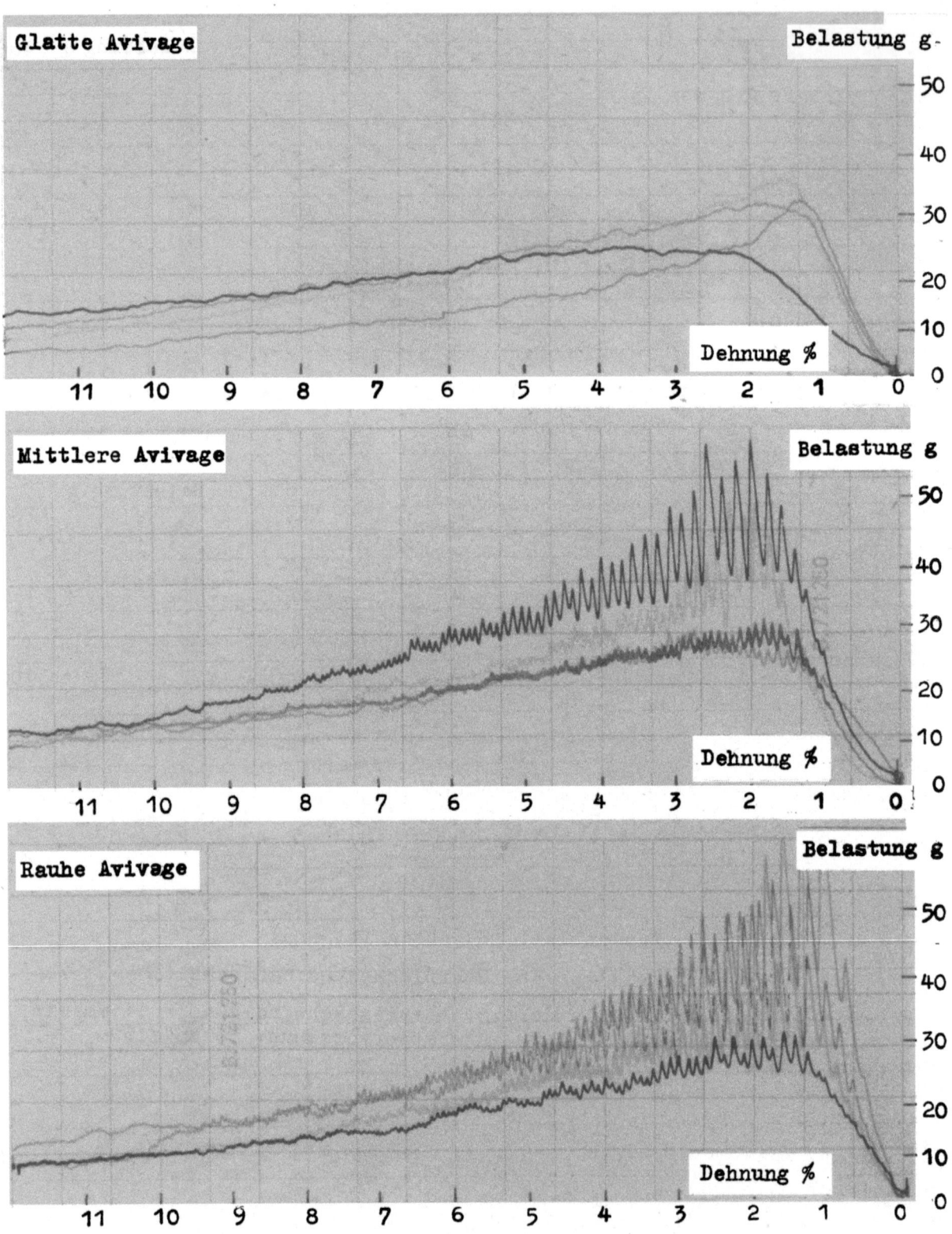

Kurvenblatt 29 (Abschnitt D 7)

Einfluß unterschiedlicher Avivagemittel

Material: Viskosezellwolle 4o/2,75, Abzugsgeschwindigkeit: 11 mm/min
Mittelflyerlunte Nm 2,5 Papiervorschub: 11o mm/min
Drehung/m = 23
Einspannlänge: 15o mm

Forschungsberichte des Wirtschafts- und Verkehrsministeriums Nordrhein-Westfalen

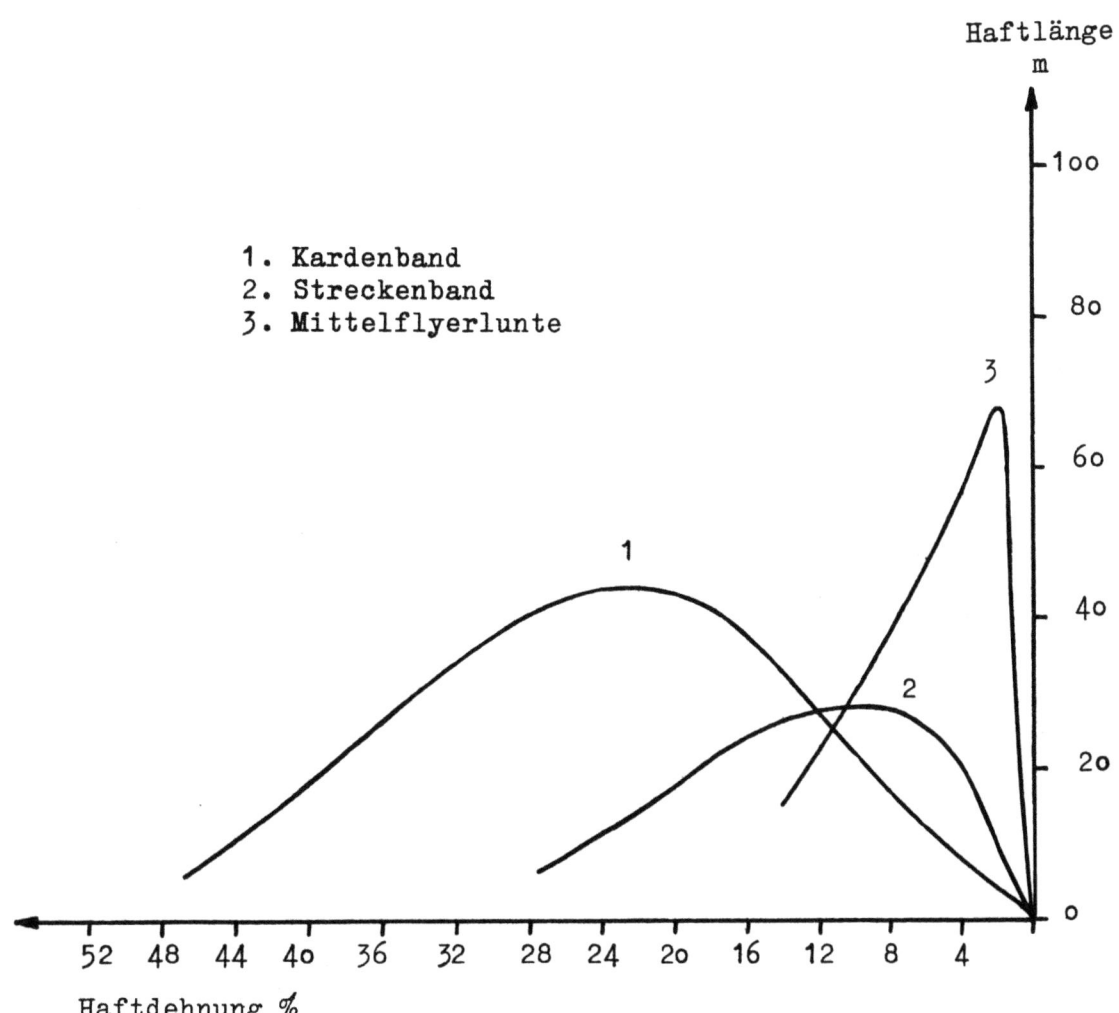

Kurvenblatt 3o (Abschnitt D 7)
Einfluß einer glatten Avivage auf Bänder und Vorgarne
Material: Viskosezellwolle 4o/2,75

Forschungsberichte des Wirtschafts- und Verkehrsministeriums Nordrhein-Westfalen

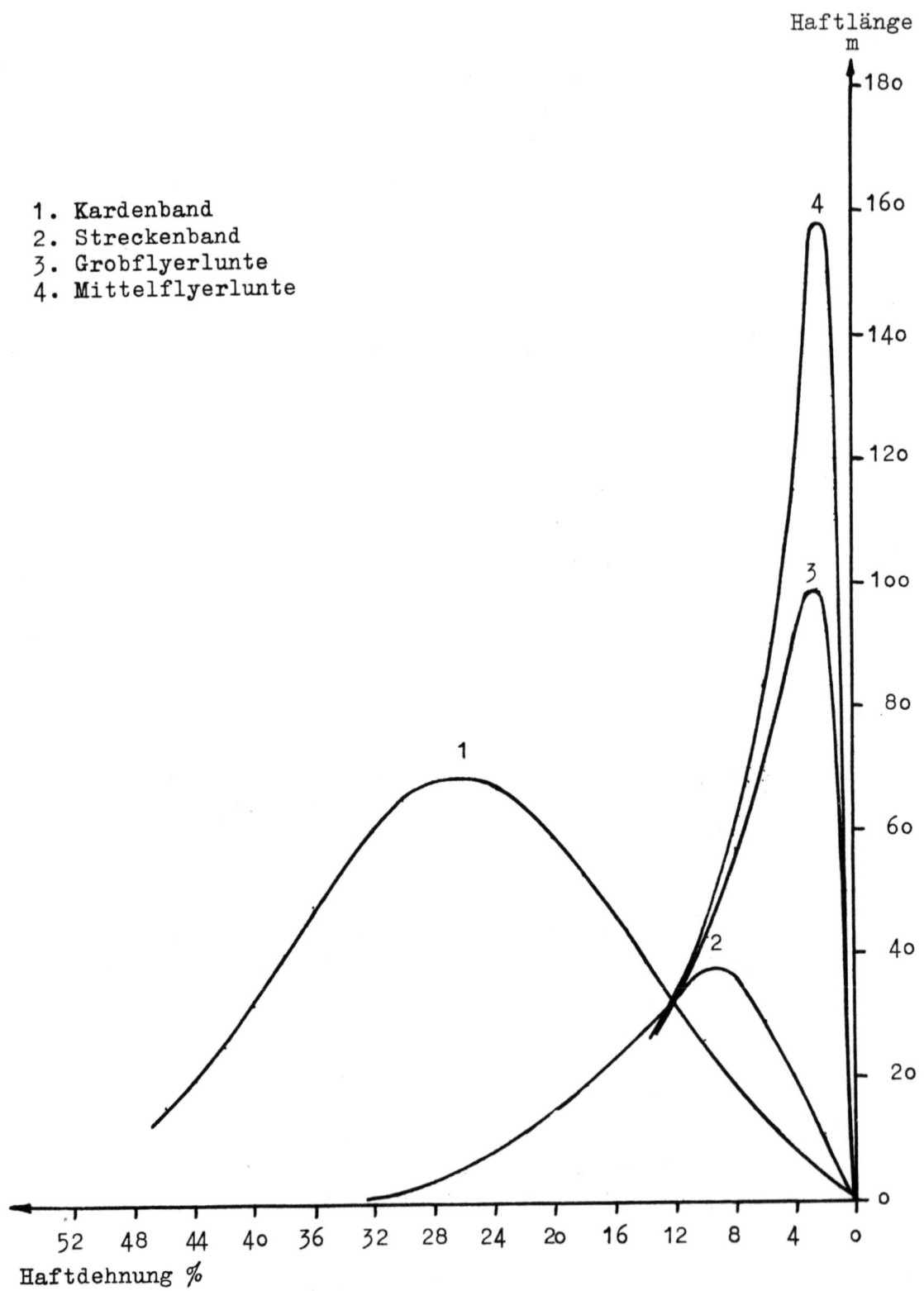

Kurvenblatt 31 (Abschnitt D 7)
Einfluß einer rauhen Avivage auf Bänder und Vorgarne
Material: Viskosezellwolle 40/2,75

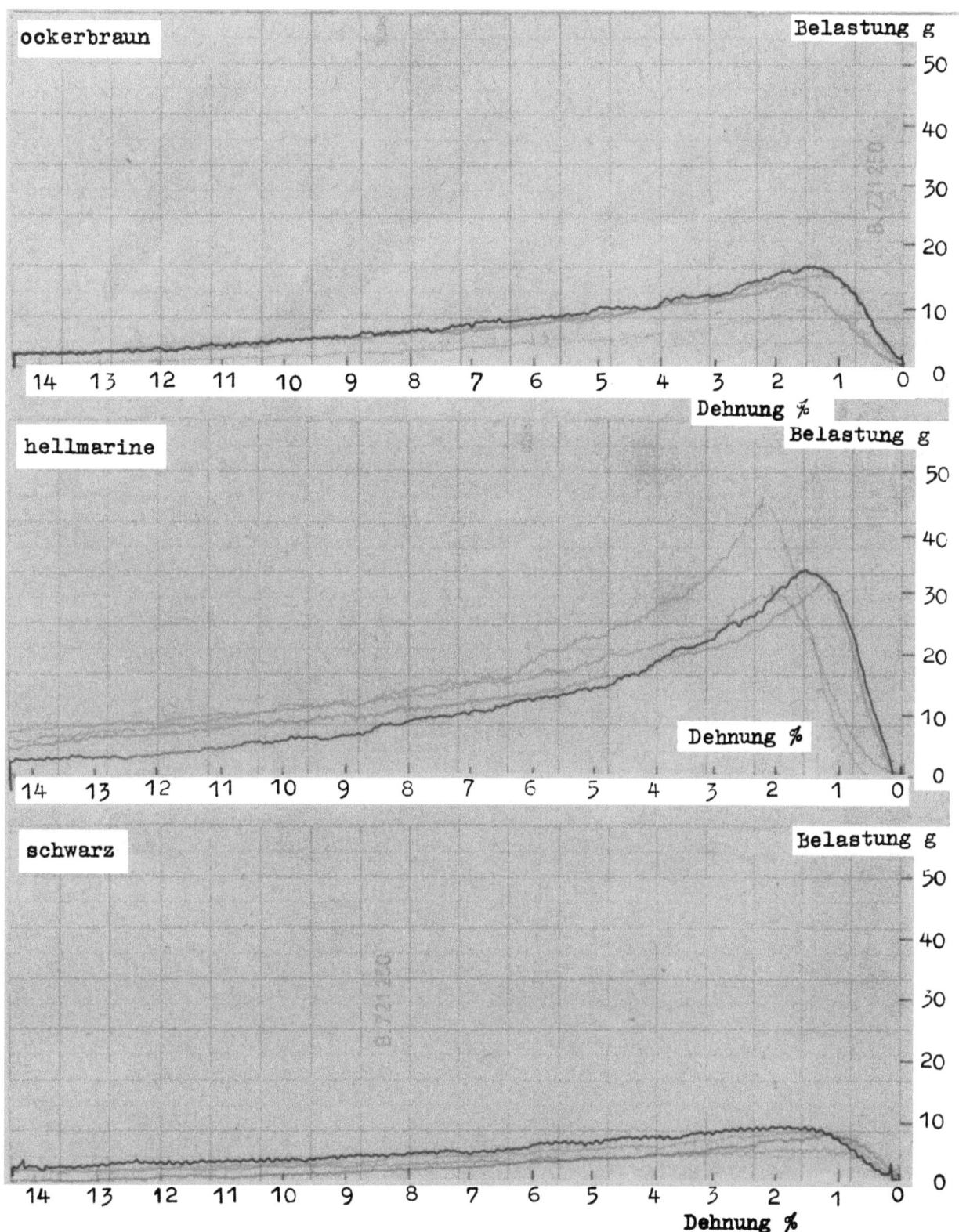

Kurvenblatt 32 (Abschnitt D 8)

Veränderung der Haftgleitcharakteristiken durch Anfärbung

Material: Kammgarn Nm 2,5 Abzugsgeschwindigkeit: 11 mm/min
Einspannlänge: 250 mm Papiervorschub: 35 mm/min

Forschungsberichte des Wirtschafts- und Verkehrsministeriums Nordrhein-Westfalen

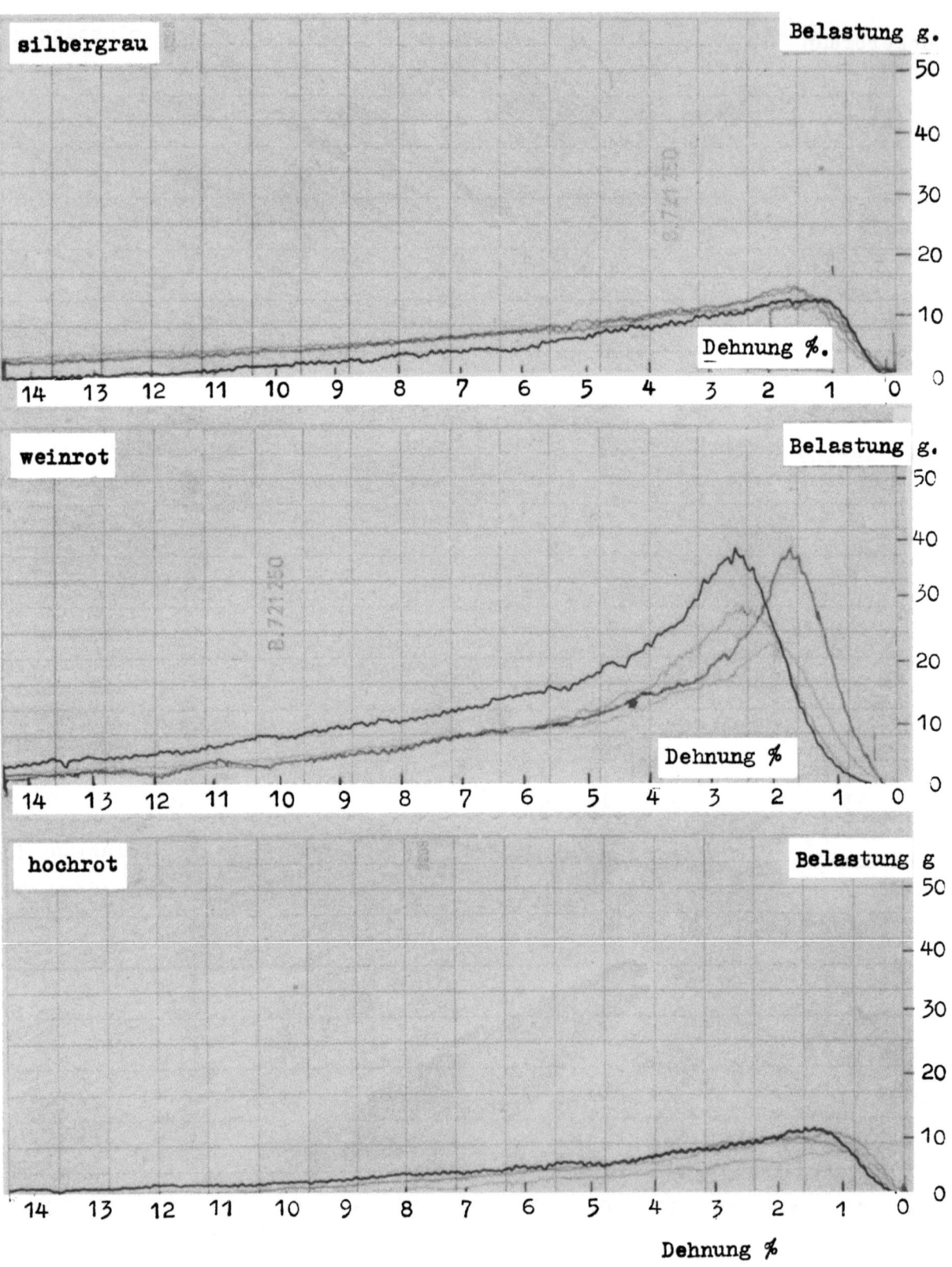

Kurvenblatt 33 (Abschnitt D 8)

Veränderung der Haftgleitcharakteristiken durch Anfärbung (Fortsetzung)

Forschungsberichte des Wirtschafts- und Verkehrsministeriums Nordrhein-Westfalen

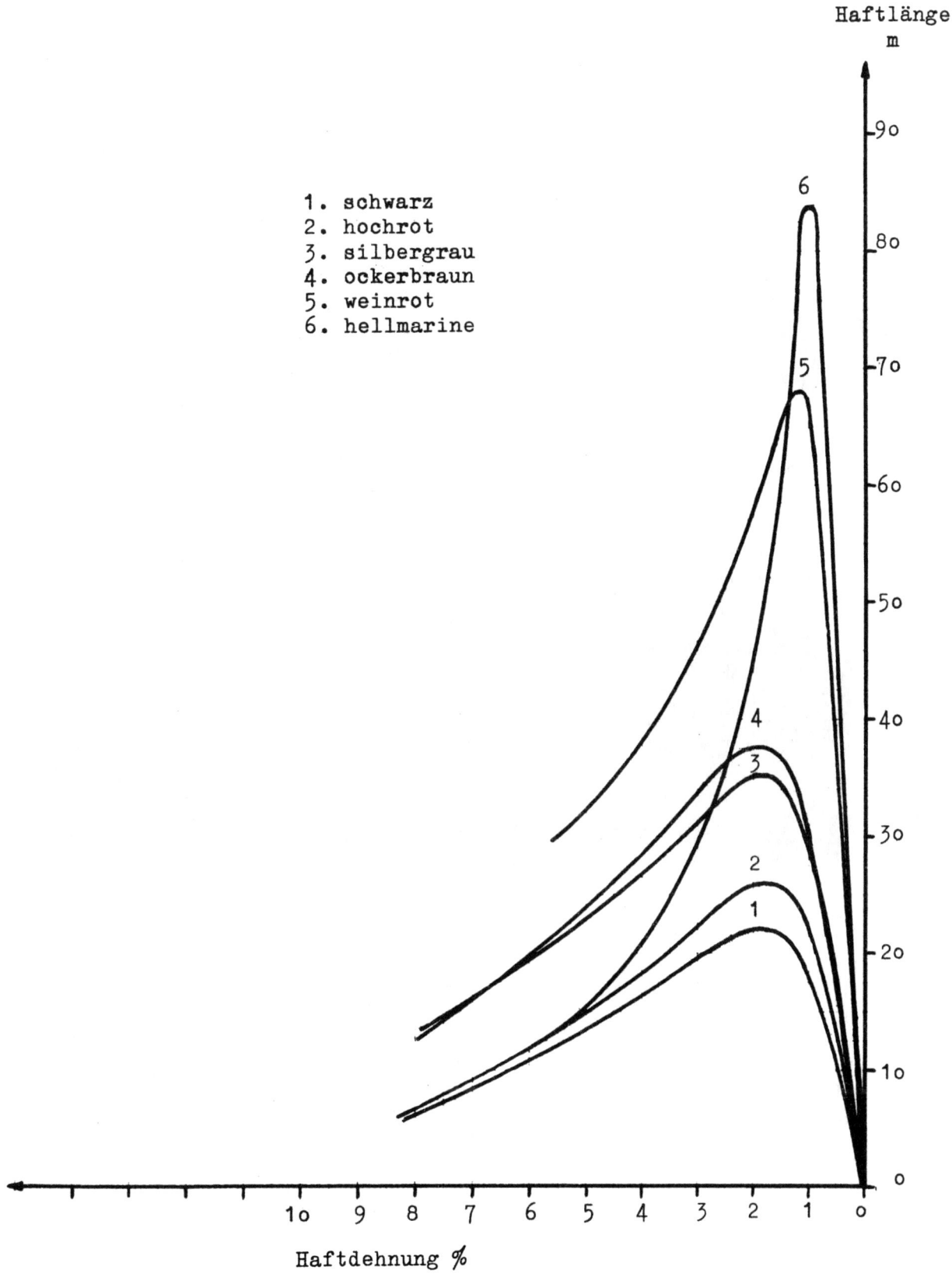

Kurvenblatt 34 (Abschnitt D 8)
Zusammenstellung des Einflusses der Anfärbung
Material: Kammvorgarn Nm 2,5

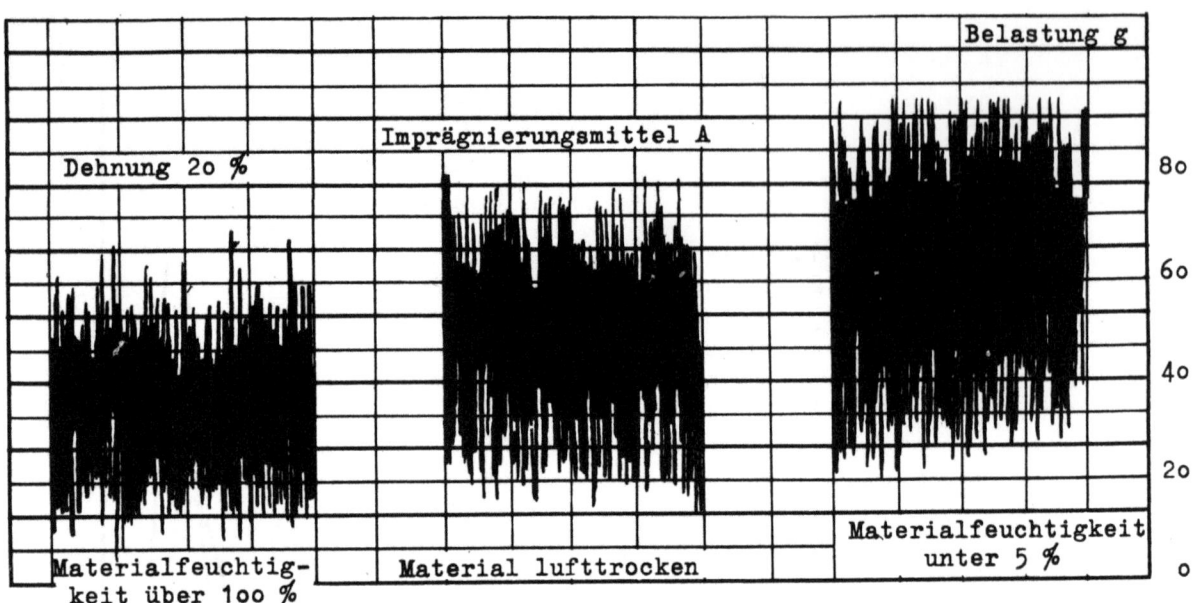

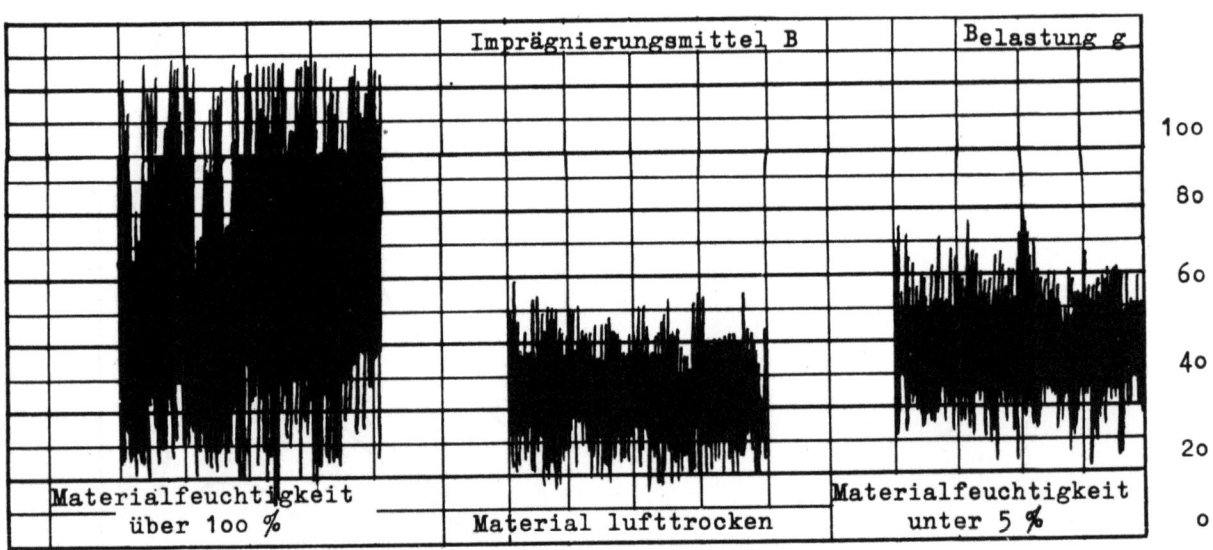

Kurvenblatt 35 (Abschnitt D 9)

Auswirkung der Imprägnierungsmittel

Material: Kammvorgarn Nm 4,3 Abzugsgeschwindigkeit: 2,5 m/min
Prüfstreckenlänge: 200 mm Papiervorschub: 3 mm/min
Dehnung: 20 %

FORSCHUNGSBERICHTE
DES WIRTSCHAFTS- UND VERKEHRSMINISTERIUMS
NORDRHEIN-WESTFALEN

Herausgegeben von Staatssekretär Prof. Leo Brandt

Heft 1:
Prof. Dr.-Ing. Eugen Flegler, Aachen
Untersuchungen oxydischer Ferromagnet-Werkstoffe

Heft 2:
Prof. Dr. phil. Walter Fuchs, Aachen
Untersuchungen über absatzfreie Teeröle

Heft 3:
Techn.-Wissenschaftl. Büro für die Bastfaserindustrie, Bielefeld
Untersuchungsarbeiten zur Verbesserung des Leinenwebstuhls

Heft 4:
Prof. Dr. E. A. Müller u. Dipl.-Ing. H. Spitzer, Dortmund
Untersuchungen über die Hitzebelastung in Hüttenbetrieben

Heft 5:
Dipl.-Ing. Werner Fister, Aachen
Prüfstand der Turbinenuntersuchungen

Heft 6:
Prof. Dr. phil. Walter Fuchs, Aachen
Untersuchungen über die Zusammensetzung und Verwendbarkeit von Schwelteerfraktionen

Heft 7:
Prof. Dr. phil. Walter Fuchs, Aachen
Untersuchungen über emsländisches Petrolatum

Heft 8:
Maria Elisabeth Meffert und Heinz Stratmann, Essen
Algen-Großkulturen im Sommer 1951

Heft 9:
Techn.-Wissenschaftl. Büro für die Bastfaserindustrie, Bielefeld
Untersuchungen über die zweckmäßige Wicklungsart von Leinengarnkreuzspulen unter Berücksichtigung der Anwendung hoher Geschwindigkeiten des Garnes
Vorversuche für Zetteln und Schären von Leinengarnen auf Hochleistungsmaschinen

Heft 10:
Prof. Dr. Wilhelm Vogel, Köln
„Das Streifenpaar" als neues System zur mechanischen Vergrößerung kleiner Verschiebungen und seine technischen Anwendungsmöglichkeiten

Heft 11:
Laboratorium für Werkzeugmaschinen und Betriebslehre, Technische Hochschule Aachen
1. Untersuchungen über Metallbearbeitung im Fräsvorgang mit Hartmetallwerkzeugen und negativem Spanwinkel
2. Weiterentwicklung des Schleifverfahrens für die Herstellung von Präzisionswerkstücken unter Vermeidung hoher Temperaturen
3. Untersuchung von Oberflächenveredlungsverfahren zur Steigerung der Belastbarkeit hochbeanspruchter Bauteile

Heft 12:
Elektrowärme-Institut, Langenberg (Rhld.)
Induktive Erwärmung mit Netzfrequenz

Heft 13:
Techn.-Wissenschaftl. Büro für die Bastfaserindustrie, Bielefeld
Das Naßspinnen von Bastfasergarnen mit chemischen Zusätzen zum Spinnbad

Heft 14:
Forschungsstelle für Acetylen, Dortmund
Untersuchungen über Aceton als Lösungsmittel für Acetylen

Heft 15:
Wäschereiforschung Krefeld
Trocknen von Wäschestoffen

Heft 16:
Max-Planck-Institut für Kohlenforschung, Mülheim a. d. Ruhr
Arbeiten des MPI für Kohlenforschung

Heft 17:
Ingenieurbüro Herbert Stein, M. Gladbach
Untersuchung der Verzugsvorgänge in den Streckwerken verschiedener Spinnereimaschinen. 1. Bericht: Vergleichende Prüfung mit verschiedenen Dickenmeßgeräten

Heft 18:
Wäschereiforschung Krefeld
Grundlagen zur Erfassung der chemischen Schädigung beim Waschen

Heft 19:
Techn.-Wissenschaftl. Büro für die Bastfaserindustrie, Bielefeld
Die Auswirkung des Schlichtens von Leinengarnketten auf den Verarbeitungswirkungsgrad, sowie die Festigkeits- und Dehnungsverhältnisse der Garne und Gewebe

Heft 20:
Techn.-Wissenschaftl. Büro für die Bastfaserindustrie, Bielefeld
Trocknung von Leinengarnen I
Vorgang und Einwirkung auf die Garnqualität

Heft 21:
Techn.-Wissenschaftl. Büro für die Bastfaserindustrie, Bielefeld
Trocknung von Leinengarnen II
Spulenanordnung und Luftführung beim Trocknen von Kreuzspulen

Heft 22:
Techn.-Wissenschaftl. Büro für die Bastfaserindustrie, Bielefeld
Die Reparaturanfälligkeit von Webstühlen

Heft 23:
Institut für Starkstromtechnik, Aachen
Rechnerische und experimentelle Untersuchungen zur Kenntnis der Metadyne als Umformer von konstanter Spannung auf konstanten Strom

Heft 24:
Institut für Starkstromtechnik, Aachen
Vergleich verschiedener Generator-Metadyne-Schaltungen in bezug auf statisches Verhalten

Heft 25:
Gesellschaft für Kohlentechnik mbH., Dortmund-Eving
Struktur der Steinkohlen und Steinkohlen-Kokse

Heft 26:
Techn.-Wissenschaftl. Büro für die Bastfaserindustrie, Bielefeld
Vergleichende Untersuchungen zweier neuzeitlicher Ungleichmäßigkeitsprüfer für Bänder und Garne hinsichtlich Ihrer Eignung für die Bastfaserspinnerei

Heft 27:
Prof. Dr. E. Schratz, Münster
Untersuchungen zur Rentabilität des Arzneipflanzenanbaues
Römische Kamille, Anthemis nobilis L.

Heft: 28:
Prof. Dr. E. Schratz, Münster
Calendula officinalis L.
Studien zur Ernährung, Blütenfüllung und Rentabilität der Drogengewinnung

Heft 29:
Techn.-Wissenschaftl. Büro für die Bastfaserindustrie, Bielefeld
Die Ausnützung der Leinengarne in Geweben

Heft 30:
Gesellschaft für Kohlentechnik mbH., Dortmund-Eving
Kombinierte Entaschung und Verschwelung von Steinkohle; Aufarbeitung von Steinkohlenschlämmen zu verkokbarer oder verschwelbarer Kohle

Heft 31:
Dipl.-Ing. Störmann, Essen
Messung des Leistungsbedarfs von Doppelsteg-Kettenförderern

Heft 32:
Techn.-Wissenschaftl. Büro für die Bastfaserindustrie, Bielefeld
Der Einfluß der Natriumchloridbleiche auf Qualität und Verwebbarkeit von Leinengarnen und die Eigenschaften der Leinengewebe unter besonderer Berücksichtigung des Einsatzes von Schützen- und Spulenwechselautomaten in der Leinenweberei

Heft 33:
Kohlenstoffbiologische Forschungsstation e. V.
Eine Methode zur Bestimmung von Schwefeldioxyd und Schwefelwasserstoff in Rauchgasen und in der Atmosphäre

Heft 34:
Textilforschungsanstalt Krefeld
Quellungs- und Entquellungsvorgänge bei Faserstoffen

Heft 35:
Professor Dr. Wilhelm Kast, Krefeld
Feinstrukturuntersuchungen an künstlichen Zellulosefasern verschiedener Herstellungsverfahren

Heft 36:
Forschungsinstitut der feuerfesten Industrie, Bonn
Untersuchungen über die Trocknung von Rohton. Untersuchungen über die chemische Reinigung von Silika- und Schamotte-Rohstoffen mit chlorhaltigen Gasen

Heft 37:
Forschungsinstitut der feuerfesten Industrie, Bonn
Untersuchungen über den Einfluß der Probenvorbereitung auf die Kaltdruckfestigkeit feuerfester Steine

Heft 38:
Forschungsstelle für Acetylen, Dortmund
Untersuchungen über die Trocknung von Acetylen zur Herstellung von Dissousgas

Heft 39:
Forschungsgesellschaft Blechverarbeitung e. V., Düsseldorf
Untersuchungen an prägegemusterten und vorgelochten Blechen

Heft 40:
Landesgeologe Dr.-Ing. W. Wolff, Amt für Bodenforschung, Krefeld
Untersuchungen über die Anwendbarkeit geophysikalischer Verfahren zur Untersuchung von Spateisengängen im Siegerland

Heft 41:
Techn.-Wissenschaftl. Büro für die Bastfaserindustrie, Bielefeld
Untersuchungsarbeiten zur Verbesserung des Leinenwebstuhles II

Heft 42:
Professor Dr. Burckhardt Helferich, Bonn
Untersuchungen über Wirkstoffe — Fermente — in der Kartoffel und die Möglichkeit ihrer Verwendung

Heft 43:
Forschungsgesellschaft Blechverarbeitung e. V., Düsseldorf
Forschungsergebnisse über das Beizen von Blechen

Heft 44:
Arbeitsgemeinschaft für praktische Dehnungsmessung, Düsseldorf
Eigenschaften und Anwendungen von Dehnungsmeßstreifen

Heft 45:
Losenhausenwerk Düsseldorfer Maschinenbau AG., Düsseldorf
Untersuchungen von störenden Einflüssen auf die Lastgrenzenanzeige von Dauerschwingprüfmaschinen

Heft 46:
Professor Dr. phil. W. Fuchs, Aachen
Untersuchungen über die Aufbereitung von Wasser für die Dampferzeugung in Benson-Kesseln

Heft 47:
Prof. Dr.-Ing. habil. Karl Krekeler, Aachen
Versuche über die Anwendung der induktiven Erwärmung zum Sintern von hochschmelzenden Metallen sowie zur Anlegierung und Vergütung von aufgespritzten Metallschichten mit dem Grundwerkstoff.

Heft 48:
Max-Planck-Institut für Eisenforschung, Düsseldorf
Spektrochemische Analyse der Gefügebestandteile in Stählen nach ihrer Isolierung

Heft 49:
Max-Planck-Institut für Eisenforschung, Düsseldorf
Untersuchungen über Ablauf der Desoxydation und die Bildung von Einschlüssen in Stählen

Heft 50:
Max-Planck-Institut für Eisenforschung, Düsseldorf
Flammenspektralanalytische Untersuchung der Ferritzusammensetzung in Stählen

Heft 51:
Verein zur Förderung von Forschungs- und Entwicklungsarbeiten in der Werkzeugindustrie e. V., Remscheid
Untersuchungen an Kreissägeblättern für Holz, Fehler- und Spannungsprüfverfahren

Heft 52:
Forschungsstelle für Azetylen, Dortmund
Untersuchungen über den Umsatz bei der explosiblen Zersetzung von Azetylen
 a) Zersetzung von gasförmigem Azetylen,
 b) Zersetzung von an Silikagel adsorbiertem Azetylen

Heft 53:
Professor Dr.-Ing. H. Opitz, Aachen
Reibwert- und Verschleißmessungen an Kunststoffgleitführungen für Werkzeugmaschinen

Heft 54:
Professor Dr.-Ing. habil. F. A. F. Schmidt, Aachen
Schaffung von Grundlagen für die Erhöhung der spez. Leistung und Herabsetzung des spez. Brennstoffverbrauches bei Ottomotoren mit Teilbericht über Arbeiten an einem neuen Einspritzverfahren

Heft 55:
Forschungsgesellschaft Blechverarbeitung, Düsseldorf
Chemisches Glänzen von Messing und Neusilber

Heft 56:
Forschungsgesellschaft Blechverarbeitung, Düsseldorf
Untersuchungen über einige Probleme der Behandlung von Blechoberflächen

Heft 57:
Prof. Dr.-Ing. habil. F. A. F. Schmidt, Aachen
Untersuchungen zur Erforschung des Einflusses des chemischen Aufbaues des Kraftstoffes auf sein Verhalten im Motor und in Brennkammern von Gasturbinen.

Heft 58:
Gesellschaft für Kohlentechnik m. b. H., Dortmund
Herstellung und Untersuchung von Steinkohlenschwelteer.

Heft 59:
Forschungsinstitut der Feuerfest-Industrie, Bonn
Ein Schnellanalysenverfahren zur Bestimmung von Aluminiumoxyd, Eisenoxyd und Titanoxyd in feuerfestem Material mittels organischer Farbreagenzien auf photometrischem Wege
Untersuchungen des Alkali-Gehaltes feuerfester Stoffe mit dem Flammenphotometer nach Riehm-Lange

Heft 60:
Forschungsgesellschaft Blechverarbeitung e. V., Düsseldorf
Untersuchungen über das Spritzlackieren im elektrostatischen Hochspannungsfeld

Heft 61:
Verein zur Förderung von Forschungs- und Entwicklungsarbeiten in der Werkzeugindustrie e. V., Remscheid
Schwingungs- und Arbeitsverhalten von Kreissägeblättern für Holz

Heft 62:
Professor Dr. W. Franz, Institut für theoretische Physik der Universität Münster
Berechnung des elektrischen Durchschlags durch feste und flüssige Isolatoren

Heft 63:
Textilforschungsanstalt Krefeld
Neue Methoden zur Untersuchung der Wirkungsweise von Textilhilfsmitteln
Untersuchungen über Schlichtungs- und Entschlichtungsvorgänge

Heft 64:
Textilforschungsanstalt Krefeld
Die Kettenlängenverteilung von hochpolymeren Faserstoffen
Über die fraktionierte Fällung von Polyamiden

Heft 65:
Fachverband Schneidwarenindustrie, Solingen
Untersuchungen über das elektrolytische Polieren von Tafelmesserklingen aus rostfreiem Stahl

Heft 66:
Dr.-Ing. Peter Füsgen VDI †, Düsseldorf
Untersuchungen über das Auftreten des Ratterns bei selbsthemmenden Schneckengetrieben und seine Verhütung

Heft 67:
Heinrich Wösthoff o.H.G., Apparatebau, Bochum
Entwicklung einer chemisch-physikalischen Apparatur zur Bestimmung kleinster Kohlenoxyd-Konzentrationen

Heft 68:
Kohlenstoffbiologische Forschungsstation e. V., Essen
Algengroßkulturen im Sommer 1952
II. Über die unsterile Großkultur von Scenedesmus obliquus

Heft 69:
Wäschereiforschung Krefeld
Bestimmung des Faserabbaues bei Leinen unter besonderer Berücksichtigung der Leinengarnbleiche

Heft 70:
Wäschereiforschung Krefeld
Trocknen von Wäschestoffen

Heft 71:
Prof. Dr.-Ing. K. Leist, Aachen
Kleingasturbinen, insbesondere zum Fahrzeugantrieb

Heft 72:
Prof. Dr.-Ing. K. Leist, Aachen
Beitrag zur Untersuchung von stehenden geraden Turbinengittern mit Hilfe von Druckverteilungsmessungen

Heft 73:
Prof. Dr.-Ing. K. Leist, Aachen
Spannungsoptische Untersuchungen von Turbinenschaufelfüßen

Heft 74:
Max-Planck-Institut für Eisenforschung, Düsseldorf
Versuche zur Klärung des Umwandlungsverhaltens eines sonderkarbidbildenden Chromstahls

Heft 75:
Max-Planck-Institut für Eisenforschung, Düsseldorf
Zeit-Temperatur-Umwandlungs-Schaubilder als Grundlage der Wärmebehandlung der Stähle

Heft 76:
Max-Planck-Institut für Arbeitsphysiologie, Dortmund
Arbeitstechnische und arbeitsphysiologische Rationalisierung von Mauersteinen

Heft 77:
Meteor Apparatebau Paul Schmeck G.m.b.H., Siegen
Entwicklung von Leuchtstoffröhren hoher Leistung

Heft 78:
Forschungsstelle für Acetylen, Dortmund
Über die Zustandsgleichung des gasförmigen Acetylens und das Gleichgewicht Acetylen—Aceton

Heft 79:
Techn.-Wissenschaftl. Büro für die Bastfaserindustrie, Bielefeld
Trocknung von Leinengarnen III
Spinnspulen- und Spinnkopstrocknung
Vorgang und Einwirkung auf die Garnqualität

Heft 80:
Techn.-Wissenschaftl. Büro für die Bastfaserindustrie, Bielefeld
Die Verarbeitung von Leinengarn auf Webstühlen mit und ohne Oberbau

Heft 81:
Prüf- und Forschungsinstitut für Ziegeleierzeugnisse, Essen-Kray
Die Einführung des großformatigen Einheits-Gitterziegels im Lande Nordrhein-Westfalen

Heft 82:
Vereinigte Aluminium-Werke AG., Bonn
Forschungsarbeiten auf dem Gebiet der Veredelung von Aluminium-Oberflächen

Heft 83:
Prof. Dr. S. Strugger, Münster
Über die Struktur der Proplastiden

Heft 84:
Dr. med. habil., Dr. phil. H. Baron, Düsseldorf
Über Standardisierung von Wundtextilien

Heft 85:
Textilforschungsanstalt Krefeld
Physikalische Untersuchungen an Fasern, Fäden, Garnen und Geweben:
Untersuchungen am Knickscheuergerät nach Weltzien

Heft 86:
Professor Dr.-Ing. H. Opitz, Aachen
Untersuchungen über das Fräsen von Baustahl sowie über den Einfluß des Gefüges auf die Zerspanbarkeit

Heft 87:
Gemeinschaftsausschuß Verzinken, Düsseldorf
Untersuchungen über Güte von Verzinkungen

Heft 88:
Gesellschaft für Kohlentechnik mbH., Dortmund-Eving
Oxydation von Steinkohle mit Salpetersäure

Heft 89:
Verein Deutscher Ingenieure, Gleitlagerforschung, Düsseldorf und Prof. Dr.-Ing. G. Vogelpohl, Göttingen
Versuche mit Preßstoff-Lagern für Walzwerke

Heft 90:
Forschungs-Institut der Feuerfest-Industrie, Bonn
Das Verhalten von Silikasteinen im Siemens-Martin-Ofengewölbe

Heft 91:
Forschungs-Institut der Feuerfest-Industrie, Bonn
Untersuchungen des Zusammenhangs zwischen Leistung und Kohlenverbrauch von Kammeröfen zum Brennen von feuerfesten Materialien

Heft 92:
Techn.-Wissenschaftl. Büro für die Bastfaserindustrie, Bielefeld und Laboratorium für textile Meßtechnik, M.-Gladbach
Messungen von Vorgängen am Webstuhl

Heft 93:
Prof. Dr. W. Kast, Krefeld
Spinnversuche zur Strukturerfassung künstlicher Zellulosefasern

Heft 94:
Prof. Dr. phil. habil. G. Winter, Bonn
Die Heilpflanzen des MATTHIOLUS (1611) gegen Infektionen der Harnwege und Verunreinigung der Wunden bzw. zur Förderung der Wundheilung im Lichte der Antibiotikaforschung

Heft 95:
Prof. Dr. phil. habil. G. Winter, Bonn
Untersuchungen über die flüchtigen Antibiotika aus der Kapuziner- (Tropaeolum maius) und Gartenkresse (Lepidium sativum) und ihr Verhalten im menschlichen Körper bei Aufnahme von Kapuziner- bzw. Gartenkressensalat per os

Heft 96:
Dr.-Ing. P. Koch, Dortmund
Austritt von Exoelektronen aus Metalloberflächen unter Berücksichtigung der Verwendung des Effektes für die Materialprüfung

Heft 97:
Ing. H. Stein, M.-Gladbach
Laboratorium für textile Meßtechnik
Untersuchung der Verzugsvorgänge an den Streckwerken verschiedener Spinnereimaschinen
2. Bericht: Ermittlung der Haft-Gleiteigenschaften von Faserbändern und Vorgarnen

Heft 98:
Fachverband Gesenkschmieden, Hagen
Die Arbeitsgenauigkeit beim Gesenkschmieden unter Hämmern

Heft 99:
Prof. Dr.-Ing. G. Garbotz, Aachen
Der Kraft- und Arbeitsaufwand sowie die Leistungen beim Biegen von Bewehrungsstählen in Abhängigkeit von den Abmessungen, den Formen und der Güte der Stähle (Ermittlung von Leistungsrichtlinien)

Heft 100:
Prof. Dr.-Ing. H. Opitz, Aachen
Untersuchungen von elektrischen Antrieben, Steuerungen und Regelungen an Werkzeugmaschinen

Heft 101:
Prof. Dr.-Ing. H. Opitz, Aachen
Wirtschaftlichkeitsbetrachtungen beim Außenrundschleifen

Heft 102:
Dr. phil. habil. P. Hölemann, Ing. R. Hasselmann und Ing. G. Dix, Dortmund
Untersuchungen über die thermische Zündung von explosiblen Azetylenzersetzungen in Kapillaren

Heft 103:
Prof. Dr. phil. W. Weizel, Bonn
Durchführung von experimentellen Untersuchungen über den zeitlichen Ablauf von Funken in komprimierten Edelgasen sowie zu deren mathematischen Berechnung

Heft 104:
Prof. Dr. phil. W. Weizel, Bonn
Über den Einfluß der Elektroden auf die Eigenschaften von Cadmium-Sulfid-Widerstands-Photozellen

Heft 105:
Dr.-Ing. R. Meldau, Harsewinkel/Westf.
Auswertung von Gekörn – Analysen des Musterstaubes „Flugasche Fortuna I"

Heft 106:
ORR. Dr.-Ing. W. Küch, Dortmund
Untersuchungen über die Einwirkung von feuchtigkeitsgesättigter Luft auf die Festigkeit von Leimverbindungen

Heft 107:
Prof. Dr. phil. H. Lange, Köln
Über die Konstruktion von Laboratoriumsmagneten

Heft 108:
Prof. Dr. phil. W. Fuchs, Aachen
Untersuchungen über neue Beizmethoden und Beizabwässer
I. Die Entzunderung von Drähten mit Natriumhydrid
II. Die Aufbereitung von Beizabwässern

Heft 109:
Dr. phil. habil. P. Hölemann und Ing. R. Hasselmann, Dortmund
Untersuchungen über die Löslichkeit von Azetylen in verschiedenen organischen Lösungsmitteln

Heft 110:
Dr. phil. habil. P. Hölemann und Ing. R. Hasselmann, Dortmund
Untersuchungen über den Druckverlauf bei der explosiblen Zersetzung von gasförmigem Azetylen

Heft 111:
Fachverband Steinzeugindustrie, Köln
Die Entwicklung eines Gerätes zur Beschickung seitlicher Feuer von Steinzeug-Einzelkammeröfen mit festen Brennstoffen

Heft 112:
Prof. Dr.-Ing. H. Opitz, Aachen
Verschleißmessungen beim Drehen mit aktivierten Hartmetallwerkzeugen

Heft 113:
Prof. Dr. med. O. Graf, Dortmund
Erforschung der geistigen Ermüdung und nervösen Belastung: Studien über die vegetative 24-Stunden-Rhythmik in Ruhe und unter Belastung

Heft 114:
Prof. Dr. med. O. Graf, Dortmund
Studien über Fließarbeitsprobleme an einer praxisnahen Experimentieranlage

Heft 115:
Prof. Dr. med. O. Graf, Dortmund
Studium über Arbeitspausen in Betrieben bei freier und zeitgebundener Arbeit (Fließarbeit) und ihre Auswirkung auf die Leistungsfähigkeit

Heft 116:
Prof. Dr.-Ing. E. Siebel und Dr.-Ing. H. Weise, Stuttgart
Untersuchungen an einigen Problemen des Tiefziehens — I. Teil

Heft 117:
Dr.-Ing. H. Beißwänger, Stuttgart, und Dr.-Ing. S. Schwandt, Trier
Untersuchungen an einigen Problemen des Tiefziehens — II. Teil

Heft 118:
Prof. Dr. med. E. A. Müller und Dr. med. H. G. Wenzel, Dortmund
Neuartige Klima-Anlage zur Erzeugung ungleicher Luft- und Strahlungstemperaturen in einem Versuchsraum

Heft 119:
Dr.-Ing. O. Viertel, Krefeld
Wäscherei- und energietechnische Untersuchung einer Gemeinschafts-Waschanlage

Heft 120:
Dipl.-Ing. Weisbecker, Lüdenscheid
Über Anfressung an Reinstaluminium-Schweißnähten bei der elektrolytischen Oxydation
Gebr. Hörstermann GmbH., Velbert
Entwicklung und Erprobung eines neuartigen Gummibandförderers

Heft 121:
Dr. rer. nat. H. Krebs, Bonn
I. Die Struktur und die Eigenschaften der Halbmetalle
II. Die Bestimmung der Atomverteilung in amorphen Substanzen
III. Die chemische Bindung in anorganischen Festkörpern und das Entstehen metallischer Eigenschaften

Heft 122:
Prof. Dr. phil. W. Fuchs, Aachen
Untersuchungen zur Verbesserung der Wasseraufbereitung und Wasseranalyse:
Über die Schnellbewertung von Ionenaustauscher

Heft 123:
Dipl.-Ing. J. Emondts, Aachen
Über Bodenverformungen bei stark gestörtem und mächtigem, wasserführendem Deckgebirge im Aachener Steinkohlengebiet

Heft 124:
Prof. Dr. R. Seÿffert, Köln
Wege und Kosten der Distribution der Hausratwaren im Lande Nordrhein-Westfalen

Heft 125:
Prof. Dr. phil. E. Kappler, Münster
Eine neue Methode zur Bestimmung von Kondensatiens-Keeffizienten von Wasser

Heft 126:
Prof. Dr.-Ing. habil. J. Mathieu, Aachen
Arbeitszeitvergleich
Grundlagen, Methodik und praktische Durchführung

Heft 127:
Güteschutz Betonstein e.V.,
Arbeitskreis Nordrhein-Westfalen, Dortmund
Die Betonwaren-Gütesicherung im
Lande Nordrhein-Westfalen

Heft 128:
Prof. Dr. phil. O. Schmitz-DuMont, Bonn
Untersuchungen über Reaktionen in flüssigem Ammoniak

VERÖFFENTLICHUNGEN DER ARBEITSGEMEINSCHAFT FÜR FORSCHUNG DES LANDES NORDRHEIN-WESTFALEN

Im Auftrage des Ministerpräsidenten Karl Arnold

Herausgegeben von Staatssekretär Prof. Leo Brandt

Heft 1:
Prof. Dr.-Ing. Friedrich Seewald, Technische Hochschule Aachen
Neue Entwicklungen auf dem Gebiete der Antriebsmaschinen
Prof. Dr.-Ing. Friedrich A. F. Schmidt, Technische Hochschule Aachen
Technischer Stand und Zukunftsaussichten der Verbrennungsmaschinen, insbesondere der Gasturbinen
Dr.-Ing. R. Friedrich, Siemens-Schuckert-Werke A.-G., Mülheimer Werk
Möglichkeiten und Voraussetzungen der industriellen Verwertung der Gasturbine

Heft 2:
Prof. Dr.-Ing. Wolfgang Riezler, Universität Bonn
Probleme der Kernphysik
Prof. Dr. phil. Fritz Micheel, Universität Münster,
Isotope als Forschungsmittel in der Chemie und Biochemie

Heft 3:
Prof. Dr. med. Emil Lehnartz, Universität Münster
Der Chemismus der Muskelmaschine
Prof. Dr. med. Gunther Lehmann, Direktor des Max-Planck-Instituts für Arbeitsphysiologie, Dortmund
Physiologische Forschung als Voraussetzung der Bestgestaltung der menschlichen Arbeit
Prof. Dr. Heinrich Kraut, Max-Planck-Institut für Arbeitsphysiologie, Dortmund
Ernährung und Leistungsfähigkeit

Heft 4:
Prof. Dr. Franz Wever, Max-Planck-Institut für Eisenforschung, Düsseldorf
Aufgaben der Eisenforschung
Prof. Dr.-Ing. Hermann Schenck, Technische Hochschule Aachen
Entwicklungslinien des deutschen Eisenhüttenwesens
Prof. Dr.-Ing. Max Haas, Techn. Hochschule Aachen
Wirtschaftliche und technische Bedeutung der Leichtmetalle und ihre Entwicklungsmöglichkeiten

Heft 5:
Prof. Dr. med. Walter Kikuth, Medizinische Akademie Düsseldorf
Virusforschung
Prof. Dr. Rolf Danneel, Universität Bonn
Fortschritte der Krebsforschung
Prof. Dr. med. Dr. phil. W. Schulemann, Univ. Bonn
Wirtschaftliche und organisatorische Gesichtspunkte für die Verbesserung unserer Hochschulforschung

Heft 6:
Prof. Dr. Walter Weizel, Institut für theoretische Physik, Bonn
Die gegenwärtige Situation der Grundlagenforschung in der Physik
Prof. Dr. Siegfried Strugger, Universität Münster
Das Duplikantenproblem in der Biologie
Prof. Dr. Rolf Danneel, Universität Bonn
Über das Verhalten der Mitochondrien bei der Mitose der Mesenchymzellen des Hühner-Embryos
Direktor Dr. Fritz Gummert, Ruhrgas A.-G., Essen
Überlegungen zu den Faktoren Raum und Zeit im biologischen Geschehen und Möglichkeiten einer Nutzanwendung

Heft 7:
Prof. Dr.-Ing. August Götte, Technische Hochschule Aachen
Steinkohle als Rohstoff und Energiequelle
Prof. Dr. e. h. Karl Ziegler, Max-Planck-Institut für Kohlenforschung Mülheim a. d. Ruhr
Über Arbeiten des Max-Planck-Instituts für Kohlenforschung

Heft 8:
Prof. Dr.-Ing. Wilhelm Fucks, Technische Hochschule Aachen
Die Naturwissenschaft, die Technik und der Mensch
Prof. Dr. sc. pol. Walther Hoffmann, Universität Münster
Wirtschaftliche und soziologische Probleme des technischen Fortschritts

Heft 9:
Prof. Dr.-Ing. Franz Bollenrath, Technische Hochschule Aachen
Zur Entwicklung warmfester Werkstoffe
Dr. Heinrich Kaiser, Staatl. Materialprüfungsamt Dortmund
Stand spektralanalytischer Prüfverfahren und Folgerung für deutsche Verhältnisse

Heft 10:
Prof. Dr. Hans Braun, Universität Bonn
Möglichkeiten und Grenzen der Resistenzzüchtung
Prof. Dr.-Ing. Carl Heinrich Dencker, Universität Bonn
Der Weg der Landwirtschaft von der Energieautarkie zur Fremdenergie

Heft 11:
Prof. Dr.-Ing. Herwart Opitz, Technische Hochschule Aachen
Entwicklungslinien der Fertigungstechnik in der Metallbearbeitung
Prof. Dr.-Ing. Karl Krekeler, Technische Hochschule Aachen
Stand und Aussichten der schweißtechnischen Fertigungsverfahren

Heft: 12
Dr. Hermann Rathert, Mitglied des Vorstandes der Vereinigten Glanzstoff-Fabriken A.-G., Wuppertal-Elberfeld
Entwicklung auf dem Gebiet der Chemiefaser-Herstellung
Prof. Dr. Wilhelm Weltzien, Direktor der Textilforschungsanstalt Krefeld
Rohstoff und Veredlung in der Textilwirtschaft

Heft: 13
Dr.-Ing. e. h. Karl Herz, Chefingenieur im Bundesministerium für das Post- und Fernmeldewesen Frankfurt a. Main
Die technischen Entwicklungstendenzen im elektrischen Nachrichtenwesen
Ministerialdirektor Dipl.-Ing. Leo Brandt, Düsseldorf
Navigation und Luftsicherung

Heft 14:
Prof. Dr. Burckhardt Helferich, Universität Bonn
Stand der Enzymchemie und ihre Bedeutung
Prof. Dr. med. Hugo W. Knipping, Direktor der Med. Universitätsklinik Köln
Ausschnitt aus der klinischen Carcinomforschung am Beispiel des Lungenkrebses

Heft 15:
Prof. Dr. Abraham Esau, Technische Hochschule Aachen
Die Bedeutung von Wellenimpulsverfahren in Technik und Natur
Prof. Dr.-Ing. Eugen Flegler, Technische Hochschule Aachen
Die ferromagnetischen Werkstoffe in der Elektrotechnik und ihre neueste Entwicklung

Heft 16:
Prof. Dr. rer. pol. Rudolf Seyffert, Universität Köln
Die Problematik der Distribution
Prof. Dr. rer. pol. Theodor Beste, Universität Köln
Der Leistungslohn

Heft 17:
Prof. Dr.-Ing. Friedrich Seewald, Technische Hochschule Aachen
Die Flugtechnik und ihre Bedeutung für den allgemeinen technischen Fortschritt
Prof. Dr.-Ing. Edouard Houdremont, Essen
Art und Organisation der Forschung in einem Industriekonzern

Heft 18:
Prof. Dr. med. Dr. phil. W. Schulemann, Universität Bonn
Theorie und Praxis pharmakologischer Forschung
Prof. Dr. Wilhelm Groth, Direktor des Physikalisch-Chemischen Instituts, Universität Bonn
Technische Verfahren zur Isotopentrennung

Heft 19:
Dipl.-Ing. Kurt Traenckner, Stellvertr. Vorstandsmitglied der Ruhrgas-A.G., Essen
Entwicklungstendenzen der Gaserzeugung

Heft 20:
M. Zvegintzov
Wissenschaftliche Forschung und die Auswertung ihrer Ergebnisse. Ziel und Tätigkeit der National Research Development Corporation
Dr. Alexander King, Department of Scientific & Industrial Research, London
Wissenschaft und internationale Beziehungen

Heft 21:
Prof. Dr. phil. Robert Schwarz, Aachen
Wesen und Bedeutung der Silicium-Chemie
Prof. Dr. Kurt Alder, Universität Köln
Fortschritte in der Synthese von Kohlenstoffverbindungen

Heft 21 a
Jahresfeier der Arbeitsgemeinschaft für Forschung des Landes Nordrhein-Westfalen am 21. 5. 1952 in Düsseldorf mit Ansprachen des Herrn Bundespräsidenten Professor Dr. Theodor Heuss, des Herrn Ministerpräsidenten Arnold, Frau Kultusminister Teusch, der Herren Professor Dr. Hahn, Professor Dr. Strugger, Vizepräsident Dobbert, Professor Dr. Richter, Professor Dr. Fucks.

Heft 22:
Prof. Dr. Johannes von Allesch, Universität Göttingen
Die Bedeutung der Psychologie im öffentlichen Leben
Prof. Dr. med. Otto Graf, Max-Planck-Institut für Arbeitsphysiologie, Dortmund
Triebfedern menschlicher Leistung

Heft 23:
Prof. Dr. phil. Dr. jur. h. c. Bruno Kuske, Universität Köln
Probleme der Raumforschung
Prof. Dr. Dr.-Ing. e. h. Prager
Städtebau und Landesplanung

Heft 24:
Prof. Dr. Rolf Danneel, Universität Bonn
Über die Wirkungsweise der Erbfaktoren
Prof. Dr. K. Herzog, Medizinische Akademie Düsseldorf
Bewegungsbedarf der menschlichen Gliedmaßengelenke bei der Berufsarbeit

Heft 25:
Prof. Dr. O. Haxel, Heidelberg
Energiegewinnung aus Kernprozessen
Dr. Dr. Max Wolf, Düsseldorf
Gegenwartsprobleme der energiewirtschaftlichen Forschung

Heft 26:
Prof. Dr. Friedrich Becker, Universität Bonn
Ultrakurzwellen aus dem Weltraum, ein neues Forschungsgebiet der Astronomie
Dozent Dr. H. Straßl, Bonn
Bemerkenswerte Doppelsterne und das Problem der Sternentwicklung

Heft 27:
Prof. Dr. Heinrich Behnke, Universität Münster
Der Strukturwandel der Mathematik in der ersten Hälfte des 20. Jahrhunderts
Prof. Dr. E. Sperner, Bonn
Eine mathematische Analyse der Luftdruckverteilungen in großen Gebieten

Heft 28:
Prof. Dr. O. Niemczyk, Aachen
Die Problematik gebirgsmechanischer Vorgänge im Steinkohlenbergbau
Prof. Dr. W. Ahrens, Krefeld
Die Bedeutung geologischer Forschung für die Wirtschaft, besonders in Nordrhein-Westfalen

Heft 29:
Prof. Dr. B. Rensch, Münster
Das Problem der Residuen bei Lernleistungen
Prof. Dr. H. Fink, Köln
Über Leberschäden bei der Bestimmung des biologischen Wertes verschiedener Eiweiße von Mikroorganismen

Heft 30:
Prof. Dr.-Ing. F. Seewald, Aachen
Forschungen auf dem Gebiete der Aerodynamik
Prof. Dr.-Ing. K. Leist, Aachen
Forschungen in der Gasturbinentechnik

Heft 31:
Direktor Dr. F. Mietzsch, Wuppertal
Chemie und wirtschaftliche Bedeutung der Sulfonamide
Prof. Dr. G. Domagk, Wuppertal
Die experimentellen Grundlagen der Chemotherapie der bakteriellen Infektionen

Heft 32:
Prof. Dr. Hans Braun, Universität Bonn
Die Verschleppung von Pflanzenkrankheiten und -schädlingen über die Welt
Prof. Dr. Wilhelm Rudorf, Max-Planck-Institut für Züchtungsforschung, Voldagsen
Der Beitrag von Genetik und Züchtung zur Bekämpfung von Viruskrankheiten der Nutzpflanzen

Heft 33:
Prof. Dr.-Ing. V. Aschoff, Aachen
Probleme der elektroakustischen Einkanalübertragung
Prof. Dr.-Ing. H. Döring, Aachen
Erzeugung und Verstärkung von Mikrowellen

Heft 34:
Geheimrat Prof. Dr. Rudolf Schenck, Aachen
Bedingungen und Gang der Kohlenhydratsynthese im Licht
Prof. Dr. Emil Lehnartz, Universität Münster
Die Endstufen des Stoffabbaus im Organismus

Heft 35:
Prof. Dr.-Ing. H. Schenk, Aachen
Gegenwartsprobleme der Eisenindustrie in Deutschland
Prof. Dr.-Ing. E. Piwowarsky, Aachen
Gelöste und ungelöste Probleme des Gießereiwesens

Heft 36:
Prof. Dr. W. Riezler, Bonn
Teilchenbeschleuniger
Prof. Dr. med. G. Schubert, Hamburg
Anwendung neuer Strahlenquellen in der Krebstherapie

Heft 37:
Prof. Dr. F. Lotze, Münster
Probleme der Gebirgsbildung
Bergwerksdirektor Bergassessor a. D. Rauschenbach, Essen
Die Erhaltung der Förderungskapazität des Ruhrbergbaues auf lange Sicht

Heft 38:
Dr. E. C. Cherry, D. Sc., A.M.I.E.E., London
Cybernetics
Prof. Dr. E. Pietsch, Clausthal-Zellerfeld
Dokumentation und mechanisches Gedächtnis — zur Frage der Ökonomie der geistigen Arbeit

Heft 39:
Dr. H. Haase, Hamburg
Infrarot und seine technischen Anwendungen
Prof. Dr. A. Esau, Aachen
Die Bedeutung des Ultraschalls für technische Anwendungsgebiete

Heft 40:
Bergassessor F. Lange, Bochum-Hordel
Die wissenschaftliche und soziale Bedeutung der Silikose im Bergbau
Prof. Dr. W. Kikuth, Düsseldorf
Die Entstehung der Silikose und ihre Verbreitungsmaßnahmen

Heft 40a:
Prof. Dr. E. Groß, Bonn
Berufskrebs und Krebsforschung
Prof. Dr. H. W. Knipping, Köln
Die Situation der Krebsforschung vom Standpunkt der Klinik und des praktischen Arztes

Heft 41:
Dr.-Ing. G. V. Lachmann, Teddington
An einer neuen Entwicklungsschwelle im Flugzeugbau
Dr. A. Gerber, Zürich
Stand der Entwicklung der Raketen- und Lenktechnik

Heft 42:
Prof. Dr. Theodor Kraus, Köln
Lokalisationsphänomene und Raumordnung vom Standpunkt der geographischen Wissenschaft
Direktor Dr. Fritz Gummert, Essen
Vom Ernährungsversuchsfeld der Kohlenstoffbiologischen Forschungsstation Essen (Ein 6 Jahre lang

durchgeführter Versuch, einen Menschen aus dem Ertrag von 1250 qm zu ernähren).

Heft 43:
Prof. Giovanni Lampariello, Rom
Über Leben und Werk von Heinrich Hertz
Prof. Dr. Walter Weizel, Bonn
Über das Problem der Kausalität in der Physik

Heft 44:
Prof. Dr. Burckhardt Helferich, Bonn
Über Glykoside
Prof. Dr. Fritz Micheel, Münster
Kohlenhydrat-Eiweißverbindungen und ihre biochemische Bedeutung

Heft 45:
Prof. Dr. John von Neumann, Princeton/USA
Entwicklung und Ausnutzung neuerer mathematischer Maschinen
Prof. Dr. E. Stiefel, Zürich
Rechenautomaten im Dienste der Technik mit Beispielen aus dem Züricher Institut für angewandte Mathematik

Geisteswissenschaften

Heft 1:
Prof. Dr. W. Richter, Bonn,
Die Bedeutung der Geisteswissenschaften für die Bildung unserer Zeit
Prof. Dr. J. Ritter, Münster,
Die aristotelische Lehre vom Ursprung und Sinn der Theorie

Heft 2:
Prof. Dr. J. Kroll, Köln,
Elysium
Prof. Dr. G. Jachmann, Köln,
Die vierte Ekloge Vergils

Heft 3:
Prof. Dr. H. E. Stier, Münster,
Die klassische Demokratie

Heft 4:
Prof. Dr. W. Caskel, Köln,
Lihjan und Lihjanisch. Sprache und Kultur eines früharabischen Königreiches

Heft 5:
Prof. Dr. Th. Ohm, Münster,
Stammesreligionen im südlichen Tanganyika-Territorium. — Religionswissenschaftliche Ergebnisse meiner Ostafrikareise 1951

Heft 6:
Prälat Prof. Dr. G. Schreiber, Münster,
Deutsche Wissenschaftspolitik von Bismarck bis zum Atomphysiker Otto Hahn

Heft 7:
Prof. Dr. W. Holtzmann, Bonn,
Das mittelalterliche Imperium und die werdenden Nationen

Heft 8:
Prof. Dr. W. Caskel, Köln,
Die Bedeutung der Beduinen in der Geschichte der Araber

Heft 9:
Prälat Prof. Dr. Georg Schreiber, Münster
Iroschottische Motive im abendländischen Sakralraum

Heft 10:
Prof. Dr. P. Rassow, Köln,
Forschungen zur Reichsidee im 16. und 17. Jahrhundert

Heft 11:
Prof. Dr. H. E. Stier, Münster,
Roms Aufstieg zur Weltherrschaft

Heft 12:
Prof. Dr. D. K. H. Rengstorf, Münster,
Zum Problem der Gleichberechtigung zwischen Mann und Frau auf dem Boden des Urchristentums
Prof. Dr. H. Conrad, Bonn,
Grundprobleme einer Reform des Familienrechts

Heft 13:
Professor Dr. Max Braubach, Bonn,
Der Weg zum 20. Juli 1944 — Ein Forschungsbericht

Heft 14:
Prof. Dr. Paul Hübinger, Münster
Das deutsch-französische Verhältnis und seine mittelalterlichen Grundlagen

Heft 15:
Prof. Dr. Franz Steinbach, Bonn,
Der geschichtliche Weg des wirtschaftenden Menschen in die soziale Freiheit und politische Verantwortung

Heft 16:
Prof. Dr. Josef Koch, Köln,
Die Ars coniecturalis des Nikolaus von Cues

Heft 17:
Dr. James B. Conant,
U.S.-Hochkommissar für Deutschland,
Staatsbürger und Wissenschaftler
Prof. Dr. D. Karl Heinrich Rengstorf, Münster,
Antike und Christentum

Heft 18:
Prof. Dr. Richard Alewyn, Köln,
Klopstocks Publikum

Heft 19:
Prof. Dr. Fritz Schalk, Köln,
Das Lächerliche in der französischen Literatur des Ancien Régime

Heft 20:
Prof. Dr. Ludwig Raiser, Bad Godesberg,
Präsident der Deutschen Forschungsgemeinschaft
Rechtsfragen der Mitbestimmung

Heft 21:
Prof. D. Martin Noth, Bonn,
Das Geschichtsverständnis der alttestamentlichen Apokalyptik

Heft 22:
Prof. Dr. Walter F. Schirmer, Bonn
Glück und Ende der Könige in Shakespeares Historien

Heft 23:
Prof. Dr. Günther Jachmann, Köln
Der homerische Schiffskatalog und die Ilias

Heft 24:
Prof. Dr. Theodor Klauser, Bonn
Die römischen Petrustraditionen im Lichte der neuen Ausgrabungen unter der Peterskirche

Heft 25:
Prof. Dr. Hans Peters, Köln
Der Grundsatz der Gewaltentrennung in heutiger Sicht

Heft 26:
Prof. Dr. Fritz Schalk, Köln
Calderon und die Mythologie

Heft 27:
Prof. Dr. Josef Kroll, Köln
Vom Leben Geflügelter Worte

Heft 28:
Prof. Dr. Thomas Ohm
Die Religionen in Asien

Heft 29:
Prof. Dr. Leo Weisgerber, Bonn
Die Ordnung der Sprache im persönlichen und öffentlichen Leben

Heft 30:
Prof. Dr. Werner Caskel, Köln
Entdeckungen in Arabien

Heft 31:
Prof. Dr. Max Braubach, Bonn
Entstehung und Entwicklung der landesgeschichtlichen Bestrebungen und historischen Vereine im Rheinland

Heft 32:
Prof. Dr. Fritz Schalk, Köln
Somnium und verwandte Wörter in den romanischen Sprachen

If you have any concerns about our products,
you can contact us on
ProductSafety@springernature.com

In case Publisher is established outside the EU,
the EU authorized representative is:
**Springer Nature Customer Service Center GmbH
Europaplatz 3, 69115 Heidelberg, Germany**

Printed by Libri Plureos GmbH
in Hamburg, Germany